U0251466

数学名著译丛

最佳可能的世界
——数学与命运

〔法〕Ivar Ekeland 著

冯国苹 张端智 译

龙以明 校

科学出版社

北京

图字：01-2012-1837

内 容 简 介

乐观主义者认为当今世界是最佳可能的世界，悲观主义者却认为未必尽然。 但什么是最佳可能的世界呢？我们怎样定义它呢？是那个以最有效的方式运转的世界吗？还是那个生活于其中的大多数人感到舒适和满足的世界？在 17 世纪和 18 世纪之间的某个时间，科学家们感到他们可以回答这个问题了。

这本书就是关于他们的故事。伊瓦尔·埃克朗带领读者踏上了一个用科学方法展望最佳可能世界的旅程。他从法国数学家莫培督开始，莫培督的最小作用量原理断言自然界中的万物以需要最小作用量的方式发生。埃克朗说明这一思想是科学上的一个关键突破，因为这是对最优化概念或最有效和最起作用系统的设计的第一次表述，尽管后来最小作用量原理被细化并作了很大修改，但是从中产生的最优化概念几乎触及到今天的每一门科学学科。

沿着最优化的深刻影响以及它影响数学、生物学、经济学甚至政治学研究的出人意料的方式，埃克朗从头到尾展示了最优化思想是如何推动我们最大的智力突破的。其结果是一个迷人的故事——一个科普爱好者和科学史学家必不可少的读物。

Originally published in French as Le meilleur des mondes possibles: Mathématiques et destinée © Editions du Seuil, 2000.

图书在版编目（CIP）数据

最佳可能的世界：数学与命运/（法）埃克朗（Ekeland, I.）著；冯国苹，张端智译，龙以明校. —北京：科学出版社，2012
（数学名著译丛）
ISBN 978-7-03-034830-2

Ⅰ.①最… Ⅱ.①埃… ②冯… ③张… ④龙… Ⅲ.①数学-普及读物
Ⅳ.①O1-49

中国版本图书馆 CIP 数据核字 (2012) 第 131076 号

责任编辑：陈玉琢 / 责任校对：朱光兰
责任印制：吴兆东 / 封面设计：王 浩

科学出版社 出版
北京东黄城根北街 16 号
邮政编码：100717
http://www.sciencep.com

北京虎彩文化传播有限公司印刷

科学出版社发行 各地新华书店经销
*
2012 年 6 月第 一 版 开本：B5（720×1000）
2024 年 3 月第十次印刷 印张：9 3/4
字数：185 000
定价：69.00 元
（如有印装质量问题，我社负责调换）

《最佳可能的世界》中文版序

2008 年我到不列颠哥伦比亚大学的太平洋数学研究所访问时，Ivar Ekeland 教授把他刚出版时间不长的英文版《最佳可能的世界》送给我。此书的题目和精彩的内容立刻引起了我极大的兴趣。

我与 Ivar 结识多年。他是国际著名数学家和经济学家。曾在法国巴黎第九大学任职多年。2003 年到加拿大任数理经济学首席教授和太平洋数学研究所所长。他是加拿大皇家学会会员、挪威、奥地利等国科学院院士和外籍院士。他在凸分析、最优化、非线性分析、辛几何等方面做出了许多开创性的工作、成就卓著。他在经济学领域也有很多重要成果。他 1984 年创办的法国《Poincare 研究所年刊 – 非线性分析》杂志在非线性分析领域产生了重要影响。由于其突出贡献，他应邀在 1978 年国际数学家大会做特邀报告，获得了法国科学院 Paul Langevin 奖、法国科学作家协会 Jean Rostand 奖、法国数学会 D'Alembert 奖，比利时科学院大奖和多个大学的名誉博士学位等荣誉和奖励。他在国际数学界和经济学界享有很高声誉。

Ivar 特别关注与中国学术界的交流合作，曾多次到南开大学、北京大学等校访问讲学、合作研究。20 世纪 80 年代 Ivar 曾投身于哈密顿系统的周期轨道研究，引进了后来以他的名字命名的指标理论，特别对给定能量的周期轨道的多重性与稳定性等问题的研究做出了重要贡献。2002 年他得知我与人合作的工作推进了这一领域的研究，专门来信风趣地祝贺"在地球的另一面所获得的令人惊喜的成果"。近年来他多次参加我在陈省身数学所组织的"变分方法国际会议"的学术委员会、推荐优秀数学家做报告，为此会议多次成功举办做出了重要贡献。2010 年他又和我们一起参与组织在陈省身数学所举办的三周数理经济研究生暑期学校，亲自为研究生讲课，鼓励青年人从事数理经济学的研究。

Ivar 十分热心于科学普及工作，写了许多通俗易懂的科普文章和书籍，包括《计算出人意料：从开普勒到托姆的时间图景》、《数字世界中的猫》等优秀的科普著作。《最佳可能的世界》是他的又一部科普力作。在此书中他从我们当今的世界在所有可能的世界中是否是最佳的这样一个吸引人的话题出发，深入浅出地介绍了几百年来科学家们对于客观世界的探索和认知发展历程以及他们的重要的创新贡献与深刻的思想理论，特别是包含了 Ivar 本人对这些发展的细致分析与深入思考。全书内容丰富、深入浅出、引人入胜，是一本不可多得的优秀科普著作。

　　在这里我衷心感谢 Ivar Ekeland 教授欣然为此书中文版专门撰写精彩序言和他对中文版出版给予的关心和支持；感谢冯国苹和张端智同志为此书翻译所做的大量工作；感谢科学出版社的鼎力资助和支持、特别是陈玉琢编辑对中文译稿的精心雕琢和提出的许多中肯意见。相信此书中文版的出版将会为我国广大读者了解科学发展历程，理解科学和科学家的作用，吸引青年学子投身科学技术事业，促进我国科技知识的普及和科技事业的发展起到积极的作用。

龙以明

2012 年 5 月于南开园

为中文版所写的序言

现代科学的诞生用了不足百年的时间。1610 年伽利略在意大利出版了《星空信使》的天文学著作，书中记录了他将新发明的望远镜伸向夜空所作的观测：他宣称木星有若干个卫星，土星具有奇怪的形状（他的工具不能足够精确到区分光环），月球上有山脉，银河由许许多多肉眼看不见的星体组成。1687 年牛顿在英格兰出版了《自然哲学的数学原理》，其中他证明了行星的运动是万有引力定律的数学推论，即质量分别为 m 和 M 且相距 d 的两个物体以与 mM/d^2 成正比例的力互相吸引。在这段跨度不到八十年（相当于一个人的一生）的时间内，费马、笛卡儿、惠更斯、莱布尼茨以及许多不像他们那样著名的贡献者奠定了现代数学和物理学的基础。他们发现自然界遵循简单的定律，这些定律可以由可测量的量之间的数学关系来表达，正如万有引力定律将吸引力用质量与距离来表达一样。用伽利略的话来说，自然界的语言是数学，直到今天这仍是正确的。

这个非凡年代的另一个特征是科技的发展。我们已经提到伽利略的望远镜，它已经永远地改变了我们遥望夜空和银河的方式。但这也是一个钟表被发明的时代，从而小时和分钟能够被度量，时间能够被等分。这也是一个武器被完善的时代，其中显著的是火器和大炮。比如伽利略关于自由落体的著名工作主要是关于弹道学的研究，这可以用来确定子弹或炮弹的轨道。我们的现代世界源于这些发现：我们知道天空不是一个延伸出地球的着色的圆形屋顶而是一个拥有无限遥远星体和星系的无限大的空间，我们用伽利略可能已经认知的钟表来安排我们的工作时间，我们生活在我们不断投入大量努力和费用来加以完善的难以置信的强大武器的威胁之中。

显然，科学的产生和科技的发展将带来显著的政治变化。确实，17 世纪以来，欧洲的政治形势发生了巨大的变化：17 世纪我们有由强大的贵族和大量贫困农民组成的绝对权威的统治，如今我们有由大量城市中产阶级和由选举产生的政府组成的民主体制。这个改变不是立刻就出现的。事实上，当时的统治者正是担心这些新发明最终会挑战他们的权威，因此这些先驱们不得不经常向他们保证，恰恰相反，这些发展不是对老的秩序的挑战而是支持。在他们所有的著作中，他们不得不顾及政治形势：他们不得不说明他们正在研究的科学是基督教的科学，甚至是君主制主义的科学，正如某些前苏联的科学家们不得不为他们的成果贴上政治标签一样。

17 世纪欧洲的政治是由宗教控制的。在天主教统治的国家，比如意大利和法国，这正是伽利略和笛卡儿生活的国家，教会是极其强大的，强大到以至于尽管小心谨慎，在伽利略生命的最后岁月仍被宣判有罪而被囚禁起来，而笛卡儿则不得不在荷兰和瑞典这样的新教国家进度过了他大部分的工作生涯。其中部分原因是他们个人的安危所致，但也部分由于他们所受的教育，这种教育和由之产生的信仰使得天才遵从天主教教义，他们不得不使他们的科学发现调和于他们的宗教信仰。在某种程度上，他们的境况与今天美国的正统派基督教徒很相似，这些人想使他们的上帝在几千年前创造世界的信仰与那些证明地球与生命已经存在几十亿年的化石记录和地质学证明相协调。

这产生了一个特别针对基督教的问题：如果全能的上帝创造了世界，并且正如教义所声称的，他爱人类，那么为什么对大多数人来说生活会是肮脏的、粗野的、短暂的？对于上帝的能力和仁爱之心来说，人类拥有更好的生活，至少是好人生活舒适，邪恶的人生活悲惨，生活的好坏和他们的行为成比例难道不是更适当吗？随着科学在17世纪的出现，一个非常原创性的答案开始形成。也许上帝本人受制于自然法则，所以某些事情是不可能发生的：在离开我出发的地方前我不可能到达某地，除非碰到其他物体落体不可能停止。所以我们生活在"最佳可能的世界"中。在所有与自然法则相一致的世界中，上帝创造了最好的一个，即那个人类得到最好境遇的世界，这并不意味着他们全体境遇好，而只是在所有其他可能的世界中，他们的境遇会更差。

自从17世纪以来，新科学，即生物学和经济学出现了，它们在塑造现代社会方面比物理学变得甚至更有影响力。它们最初都经历过行为的背后一定隐藏着目的的幻觉，即对人类的产生与至高无上的认识。我们就像总是寻求父母支持的孩子。像孩子一样，我们必须学会成长和保护自己。宇宙中不存在所谓隐蔽的力量，当我们做了某些鲁莽事情时可以出来挽救我们。如果我们使地球不可居住，没有我们可以迁移去的其他星球。我们是地球飞船的飞行团队，当飞船或者我们自己处于危险境地时不存在所谓的自动驾驶员来拯救我们。如果我们想继续安全地航行并面对挑战或面对我们的时代、气候变化、人口增长、资源匮乏，而不经历巨大的自然或社会灾难，我们必须发展某种全球管理机制。教育年轻的一代将是发展全球公民意识的关键。科学是万有的，它揭示了所有人是平等的。科学也给了我们理解全球问题的方法并且将帮助我们解决这些问题。

Ivar Ekeland
2012年5月

目　　录

引　言

乐观主义者认为当今世界是最佳可能的世界,悲观主义者却认为未必尽然。从最开始的时候,悲观主义者就思索为什么生活对人类不总是友善的? 他们求助于牧师或者哲学家以寻找答案。从 1600 年到 1800 年的两个世纪里,有些科学家认为他们能够为解决这一问题作出点贡献。莫培督(Maupertuis)是其中的主要人物。他是法国的一位知识广博的学者、一位探险家,同时还是科学家、哲学家和航海家。他发现所有的物理定律都是一个思想的数学推论,他称之为最小作用量原理:任何事物的发生总是如同在消耗尽可能少的被称为作用量的某种量。如果人们接受了这一观点,那么所有的物理定律都可以用数学方法推导得来。通过声称所有的创造物都遵循类似的原则,他跨越了科学和形而上学之间的界限,所以,比如说上帝安排了历史的进程,那么人类遭受的苦难的总量应该是最小的。这种观点引起了一场激烈的争论,莫培督被伏尔泰(Voltaire)在他著名的小说《老实人》中嘲笑了一番,后来又被莱昂纳多·伯恩斯坦(Leonard Bernstein)在他的音乐剧中奚落了一番。因为哲学家潘格罗斯(Pangloss)在经历了一连串越来越严重的灾难的同时却盲目地声称在最佳的可能的世界里结果好一切都好。

莫培督应该得到更好的命运。从科学上来讲,他的最小作用量原理基本上是合理的。这个原理被不断地继承、转化(也许已经变得完全不同了)、改进,最近它引发了数学上的一系列突破。我有幸参与了这项研究。由于植根于历史的深处,所以它是那么地迷人。我想和大家分享一下我的一些经历和热情。另外,莫培督也许是第一个了解最优化思想——根据某种标准设计的系统将会以最佳可能的方式运行的思想——在现代社会将会变得是多么重要的人。我试着跟上它从物理学到生物学,然后又到社会科学的发展轨迹。这种路线跟我的个人经历多少有些一致。 我从数学转到力学,后来又转到经济学,我总是沿着优化的轨迹从一个领域转到另一个领域。在这个旅程中,我的科学兴趣也相应地发生了转变,我发现我现在正在研究人类行为。在我的科研生涯中,越是重要的问题出现得越晚,就像是我需要用积累的知识和经验去最终找出正确的答案。

什么是人类? 我们正在试图对自己和环境做些什么? 这已经不再是一个哲学问题。我们用光星球上资源的方式和在这个过程中的争斗正在成为一个紧迫的和现实的问题。本书就是要尝试展现这些问题是怎样慢慢地从科学发展中浮出水面的,并指出未来的几个发展方向。

第一章 保持节拍

"在继续下去之前,我们必须意识到每个钟摆的拍子都是如此好地被确定和固定以至于除了这唯一的自然方式以外,它不可能按照任何其他的周期运动。"这是伽利略(Galileo)在他出版的最后一本书《关于两门新科学的对话和数学证明》(1638)中所描述的。在这本书出版4年后,伽利略去世了,他给后人留下了丰富的科学遗产,以上的这个简单陈述可能是其中最重要的部分:事实上,它很快就被证明是错误的,但是它改变了我们关于物理运动的观念并且激发了测量时间的一种新技术。

钟摆简单地说是一个一端固定于一条细绳或一个杆上的小重物。在不给予外力的情况下,它垂直地悬着,如果我们把它从垂直状态推开,它就会开始摆动。伽利略发现所有的摆动都持续相同的时间,称之为周期。周期取决于钟摆的长度而不是摆动的幅度或者重物的重量。他还宣称周期随着长度的平方根的变化而变化:要得到两倍的周期,应该使钟摆的长度为原来的四倍。增加重量或者增大幅度都没有效果。这种特性被认为是等时性,这是我们能够准确测量时间的主要原因。

据说伽利略是在比萨教堂的一场仪式中通过对比悬挂于教堂正厅的吊灯的摆动和他自己的脉搏发现这条规律的。多么美丽的象征啊!伟大的宇宙循环、日夜交替、月圆月缺、潮汐涌动、四季轮回经常是历史上演的背景。但是对于我们每个人来说也有一个小一点的同伴,它不是用来测量宇宙时间,而是用来测量生物的,甚至是个人的时间:我们的脉搏是一种天然的怀表。通过自然节奏和我们血液的节奏的对比,可以得出标准时间的观念,这两种节奏都应该是普遍的,对每个人都是立刻适用的,像吊灯的摆动,是均匀的,像我们心脏的跳动,是有规律的。这的确是个革命性的观点,同人类之前积累的所有经验相反:所有自然节奏是变化的,不规则。脉搏因人而异并且受到情感和身体状况的影响。白昼随着纬度和季节的变化而变化,太阴月也是变化的,准确地定义年是一个重要的天文学问题。比如,如果要想把圣诞节保持在冬至,结合这些节奏,需要带有关于闰年复杂规律的格利高里日历的发明。这还不足够好,因为这些节奏会改变:地球的旋转正在减慢,所以白昼一点点地变长,记录标准时间的原子钟也要偶尔被向前推进一秒。

现在,时间是恒久不变的:一个小时就是一个小时,不论在世界上的任何地方,任何时候,就像一米就是一米,一磅就是一磅。但这是一个相当现代的观点:对于我们的祖先来说时间是不均匀的。在上古时代,在日出日落之间有12个小时,日落日出之间也有 12 个小时。所以除了在春分和秋分这两天，白天和晚上的小时拥有不同的持续时间。11 点钟到地里劳作意味着大半天已经过去了；在福音书寓言中出现的黎明就到地里干活的人发现并不比那些迟到者的报酬高而感到不公平就不足为奇了。小时的持续时间随着季节和地点的变化而变化：夏天的小时和冬天的小时不同，佛罗伦萨的小时和罗马的小时不同（在那些年代没有对比它们的直接方法）。

钟摆的节奏不是这样的。所有人都可以看到比萨教堂吊灯的摆动，每一次摆动都持续相同的时间。它们慢慢地减弱，最后停止摆动，但是一阵清风吹过或者轻轻一拉绳索，它就又会重新开始按照相同的持续时间摆动，测量出相同的时间间隔。把它带到罗马，它也会不论冬夏，日夜保持和在比萨时一样的节拍。这是伽利略的伟大发现：钟摆给我们提供了一种通用的、均匀的、以自然的方式测量时间的方法。摆动把时间分割成相同的时间间隔，不像那些不容易随身携带，随日期和地点的变化而变化的日、月、年。

在公元前 4 世纪到公元 4 世纪之间的 800 年里，在亚历山大城活跃着一个由希腊数学家组成的特别学派。这个学派始于传说中的几何创始人欧几里得（Euclid），结束于可能是在数学史上第一位留下名字的女数学家——希帕蒂娅（Hypatia）。伽利略和他那个时代的科学家都熟悉他们的工作：他们本质上探索了能用圆规和直尺所作出的所有可能图形，当时也没有更好的工具可用。几何的基本形状仍然是这些由圆规和直尺作出的：线、圆，当然还有圆锥、椭圆、抛物线和双曲线，在这些方面，除了公元前 3 世纪阿波罗尼斯（Apollonius）在亚历山大城所著的专题论文外没有进展。大约在同一时代，另一位伟大的科学家阿基米德（Archimedes）展示了怎样计算这些曲线围成的面积和曲线绕轴旋转得到的体积。亚历山大城的科技也很好，也许比伽利略所能做到的还好。关于建筑和工程的论文幸存下来，其中一些结果的名声享誉了几个世纪。罗马军队围攻锡拉库扎（意大利西西里岛东部港口城市）的三年里，阿基米德制造的战争机器一直放置于海湾上；从海上 30 英里处就可以看到亚历山大港的壮丽海滩。

伽利略像古代的伟大几何学家对待空间一样对待时间：他把时间变成均匀并可测量的量。希腊人有一个成熟的空间理论，这个理论直到 19 世纪非欧几何被发现之前都富有成效并基本上没有任何改变，但他们却没有一个相应的时间理论。他们掌握静力学而不了解动力学。任何类别的运动，如飞向靶心的箭、追赶乌龟的人、投向空中的石块对他们来说都是问题。一旦离开投掷者的手，是什么力量推动着石块呢？追赶者怎样才能追上乌龟？在乌龟所处的位置作一个标记等待追赶者到达；可在追赶的同时乌龟也前行了，这样就有一个新的标记处需要追赶者花费更多的时间到达，但是追赶时乌龟又移动了，所以它总是超前一点，追赶者永远也追不上乌龟。这是芝诺悖论，显然是由一个空间知识掌握得比时间知识好的人提出的问题。

与几何学家不同，希腊的物理学家不担心运动的可能性——他们仅仅把运动视为事实——但是他们寻找运动的原因。在这一主题上最有影响力的作品是亚里士多德（Aristoteles）写于公元前 4 世纪的《物理学》。这也是伽利略建立他自称的"新科学"时需要对抗的主要影响力。亚里士多德的物理学是简单易懂的：只要物体移动必有其他的东西推动它，一旦推动力停止，被推动物体一定停止。这种说法也存在问题：为什么石块在离开投掷者的手之后没有立刻落到地上？它为什么先升起，后落下？看伽利略时期绘制的抛射体轨线也很有意思：抛射体先呈拱形升起，然后几乎垂直地急速落下，就像是从轨线的最高点落下。这同亚里士多德所教的相吻合，但这不是实际发生的情况：轨线的第二部分和第一部分是对称的，也是一条弧线。石头为什么最终会落下已经非常清楚了，但是如果要解释它为什么先升起则需要大量的独创性，空气被怀疑在承载它时发挥了作用。简而言之，希腊人没有发展出与他们的空间和形状理论相当的时间和运动理论。

毫无疑问，在希腊哲学里，运动和变化同义，因此也是有瑕疵的。真正完美的东西不会变化，它既不会增长也不会消退，是永恒不变的。在柏拉图（Plato）哲学里，完美的事物的确存在；它们构成了唯一的真实现实；我们活着时所见到的只是可怜的完美事物的反射，仅仅是墙上的影子。但是我们死后就可以凝视原物，看到永恒的真善美，并且会把一些记忆带到我们的来生。我们不发现数学真理，我们只是在穿越这个外部世界的过程中回忆起它们。米诺（Meno）对话中有一个著名场景：苏格拉底（Socrates）引导一个未受过教育的奴隶"回忆"根据著名的毕达哥拉斯定理：c 的平方等于 a 与 b 的平方和，矩形的对角线 c 同它的边 a 与 b 有关联。这非常值得一读，也是一个优秀教学的例子。苏格拉底没有告诉奴隶任何东西；他只是以正确的顺序问了他正确的问题，让他自己摸索直到突然看见定理，看见它如此真实、如此不证自明地出现在眼前，就像早就知道一样。柏拉图说，实际上米诺知道这个定理因为他在被以奴隶之躯送回地球之前，在永恒真理的世界里已经见过它。苏格拉底常常说他同其母亲所从事的助产士的职业一样，因为他把人们不知道自己所携带的灵魂的负担释放出来，就像她把妇女们未看到过的后代接生出来一样。

在柏拉图主义的传统里，真理从来都不是被发现的，而是被回忆起的。在两次连续的生命之间，灵魂穿越了死亡和出生前的领域，再一次凝视了完美的、不变的、永恒的理想界，这些是他在尘世上游荡时将要遇到的一切事物的蓝图。甚至"theory"（理论）这个词是那种知识概念的证据：在希腊语里，theorein 的意思是"去看"，theoreia 表示"已经看到的事物"。任何短暂的事物，如物理运动，在理想界中都是不值得一提的。我们可以没有关于这件事的理论，因为我们在出生前没有见到过它。只有永恒不变和理想界的完美有些亲缘关系，在希腊哲学里有一个发展得很好的静止理论,说得更科学点,平衡理论:最著名的例子是流体的平衡理论,据说这一理论曾使阿基米德在最初发现它时兴奋地全身赤裸着奔跑在锡拉库扎的大街上。

如果一个物体出于自身的力量处于平衡状态,它将会永远待在那里。为了使它脱离平衡,我们必须给予它外力,最好是直接接触;这个力是运动的原因,此力一旦消失,运动即停止。这是亚里士多德和他的继承者尝试理解现实世界中我们周围各种运动的智慧框架。这里不乏困难;如解释星星的运动,他们把星星想象成在太阳每天绕行的环绕我们的巨大球体上镶嵌的发光的点,需要召集大量的天使和魔鬼去推动球体外部以使它旋转。在古代和中世纪期间,世界被看做充满了各种令人困惑的运动和各种奋力返回平衡状态的物体。没有一个普遍的理论;对于任何一次运动都必须找出使这一特别的物体在这一特别的时间失去平衡的原因以及它将怎样才能达到新的平衡。这不是一项简单的任务,科学家们为了一些答案摸索了几个世纪。

比如,从罗马时代起人们就发现水一次最多只能被抽到 10 米高;要想达到更高的高度则需要更多的抽水机,每台抽水机把水抽到一个水池里供另一台抽水机抽,但是每一台抽水机所抽的高度都不会超过 10 米。对这一问题的解释是自然对真空有一种厌恶,因此在达到一种平衡前,总是趋向于充满宇宙中的每个真空区。为什么这种特别的厌恶会在 10 米处停止,或者说为什么宇宙会满足于 10 米高的抽水,这个问题不是最有想象力的解释所能回答的。简而言之,直到伽利略时代,物理运动都被视为是对宇宙基本秩序的一种干扰,这可以由经典几何反映出来。运动是杂乱的。物体的自然状态是静止。

那天在比萨教堂里,伽利略看到了相反的事物:吊灯来来回回地摆动。它越过垂直位置,摆到另一侧,停顿片刻,又摆回来。最终,它会慢下来;它的摆动将会逐渐地以相同的拍子慢下来,直到最后静止地悬挂着,蜡烛烟垂直地升向镀金的天花板。为什么这一位置比带有庄严规律性的来来回回的对称的运动更加自然?是什么阻止它永远摆动下去?是它自己停止的,还是由于周围空气和悬索所施加的摩擦?同以有规律的间隔无限期地经过同一位置的摆动运动的完美相比,这些能算作完美吗?当然,空气没有维持运动,因为我们看到了蔓延的蜡烛烟:一定是运动自己维持自己,在周围环境的作用下减慢了。如果这些可以被纠正的话,钟摆将会像教堂的脉搏一样永远摆动下去。它将会永远消磨相等的时间间隔,因此可以用来测量时间,就像折尺可以用来测量长度。

伽利略的钟摆理论——我们可以用古希腊人所用的与观察等价的理论这个词,因为那天在大教堂里伽利略确实看到了,而且他随后的工作都是回忆和理解他那天所看到的——首先是运动不需要从一种平衡到另一种平衡的基本直觉,即钟摆可以永远摆动下去，在下落之前，到达轨迹的顶点时，一拍短暂停顿两次。如果它最后减弱并停止，那要考虑各种各样的非理想性，对非理想性的纠正即使不会带来永远的运动，至少会延长运动的时间。第二个伟大的想法是同一钟摆的所有摆动，不论大小，具有相同的持续时间（这是我前面所提到的等时性），持续时间只和长度有关。人类在历史上第一次发现了记时器，一种可以准确测量时间并且便于携带的工具。一个在巴黎，一个在罗马的长度相同的两个钟摆拥有相同的拍子，这与它们摆动的振幅无关。10 英寸长的一根细绳是一个简单的记时器。只要在它的一端系一个重物并从另一端使它摆动。一个满拍持续差不多 1 秒钟；60 拍为 1 分钟，如果你足够耐心的话，3600 拍为 1 小时。一个 4 倍长的钟摆的速度会减慢 2 倍：一条 1 公尺长细绳的半拍为 1 秒钟。

　　这是几何学和动力学之间的一个显著的联系。不久后，数学家将会像征服了空间一样征服时间。钟摆的等时性并不真的正确；这只是一种理想化，就像我们在几何里学的直线和圆只是我们实际在沙滩上或纸上画的理想化的直线和圆一样。实际上，钟摆会随着摆动幅度变宽而节奏变缓，我们可以用并排的两个同样长度的钟摆从不同的位置开始摆动的实验来证明。拍子的持续时间，即周期，随着振幅增大而延长；小的摆动，即从靠近垂直的位置开始的摆动，比大幅度摆动的周期短。但是，只要摆动的幅度小，这个差别是非常小的。振幅对周期的影响只在偏离垂直位置远的摆动中才可以被察觉。当然，非常小的差别会在一天或一周的时间里累积，唯一安全的解决方法就是使钟摆精确地保持相同的摆动宽度，老式钟表的机械装置正是这样设计的，这也是它们一开始需要上发条的原因。但是伽利略的思想是正确的，就像直线两端无限长且厚度为零是正确的一样。我们知道画线时，我们不能把线延长到纸张的范围以外，也不需要用放大镜来观察它是否同我们所使用的铅笔的铅一样粗。但是，我们理解这一思想，它在我们建桥、修路和划分界线时有用。同样，只有在小振幅的时候，钟摆会按照伽利略所描述的那样摆动，但这为我们提供了一个理解更一般的摆动和制作时钟的好开端。

　　这是真正的伽利略革命。据说在他跪在审判席前发誓否认哥白尼（Copernicus）地球绕着太阳旋转的观点后，他站起身来时摸了一下地面说"它仍在转动！"当然，他指的是地球，但这也适合指钟摆这个由于他的天才而转化成同圆周观点一样犀利和富有成效的数学观点的简单物品。周期运动这一思想是时间和空间之间缺失的联系。运动不再被视为短暂的和转瞬即逝的从一种平衡到另一种平衡的简单变化：伽利略的钟摆不变地运动着。它的运动没有起因；没有开始，也没有结束。我们体验的实际时间两端是有界限的——我们的出生和死亡，或者探索得更深一点，宇宙的诞生和灭亡。伽利略的时间不是这样的，因为他的理想钟摆永远摆动下去。在这方面，时间和自欧几里得以来伟大的亚历山大人定义的几何空间非常相似：他们把空间理解成无界的，虽然物理空间一定是有界的，不是被地球，就是被包围它的天体限制。在这个无界的空间中放一个像比萨教堂里摆动的吊灯一样的伽利略钟摆就有了现代宇宙，这也是至今仍适用的科学构架。

伽利略的思想也为我们提供了一个用来度量时间的自然单位。正如我们所知道的，天和年都不令人满意，因为它们随着日期和位置的变化而变化；另外，它们的时间间隔很大，怎样测量小一点的时间间隔却并不显然。但是选择一个特别的钟摆，比如一个长 10 英寸的钟摆，然后把秒定义为它的周期，即，一整拍的持续时间。用这种方法定义标准时间单位和我们通常定义长度单位的方法非常相似；比如，在法国革命期间，1 米被定义为某一根铱铂合金杆上两个凹槽之间的距离。这一珍贵的杆和它的两个复制品于 1889 年 9 月 28 日被庄严地保存于巴黎附近布勒特伊天文台的拱顶，和它一起被保存的还有标准千克和它的 6 个复制品。小心地制作出更多的复制品，同原样进行比对，然后再送到其他地方制作更多的复制品，直到做成学生们的直尺。我们可以想象时间的标准单位也可以以类似的方式被定义，比如 1 米长钟摆的半个周期，然后将它同长度和质量的标准单位一起保存起来，但是永远摆动。这不是个实用的定义，因为事实上钟摆的周期依赖于地心引力的强度，而因为地球不是一个完美的球体，引力根据地理位置的不同而不同。标准钟摆的完美复制品在不同的地方会有不同的周期。但是让我们更进一小步来追求伽利略的梦想吧。

测量问题并没有通过定义单位被完全解决。我们必须说明怎样把它分成更小的单位。长度单位的这个问题由一个希腊几何学的早期结果解决了，这归功于米利都（Miletus，小亚细亚西南角海岸）的泰利斯（Thales）的一个定理，据说他成功地预报了发生于公元前 585 年的一次日食。也许泰利斯得益于古巴比伦和古埃及的科学成果，这个定理对于测量来说确实太基本了，它一定更早就被人们知道。本质上，如果把你的单位乘以 10（即复制 10 倍，然后把复制品首尾相连地摆在一条直线上），你也能把它除 10。当然，在这一结果中，10 并没有特殊的意义，如果你不对公制体系着迷的话，其他数字也可以。但是对于时间单位就没有这种定理：1 小时为 60 分钟，当然如果你能数分钟的话，你可以数 60 下，那就是 1 小时，但是这对于测量持续时间少于 1 分钟的事物却毫无帮助，像 100 米赛跑。用钟摆测量时间为这一问题提供了一个简单的答案：如果你想使摆动快 10 倍，则缩短钟摆为原来的百分之一。如果 1 米长的钟摆半拍为 1 秒，1 厘米长的钟摆半拍为 1/10 秒。这样的钟摆很难造，更难维持其摆动，但这一观点是正确的；让科学家和钟表匠研究这一问题，几个世纪后，你就会拥有超精度时钟戴在手腕上了。

精度对于记时来说是个新鲜事物。在几何里，这是理所当然的事情。比如，阿基米德曾写了一篇名为"测圆术"的文章，致力于找出比值 P/D 的精确值，这里

P 表示圆的周长，D 表示直径。这是著名的数字π；阿基米德证明它介于 223/71 和 221/70 之间，并且给出了把它计算到任何精确度的数值程序。很多年来，阿德米德的方法都是完美的，1593 年法国几何学家韦达（Viete）知道了π的前 7 位小数，即 π = 3.1415926[①]。今天，更好的程序和自动化的计算得出了π的小数点后的数十亿位的数字；实际上，我们今天可以直接计算到任何给定位小数而不用考虑介于哪两个数之间。我在此处的观点是我们关于π的知识是如此精确以至于在无须考虑其物理意义以后它的位数还很长。在伽利略时代，要想区分 3.1415926 和 3.1415927 之间的区别，已经需要能画圆并能把长度精确到十亿分之一的工具了，这种方法超越了那个时代的技术能力。没有办法实验地检验 10 位数以上的π值。但是，π值本身在数学层面上存在而不在物理层面上存在，它有无限多位小数，我们目前所知道的也只是前 500 亿位左右：数学上的精确是没有止境的。伽利略以后，同样的理论将应用于记时学。描述非常小的持续时间没有问题，如千分之一秒，这只是千分之一毫米长钟摆的半拍。这样的钟摆也许很难制造，也很难观测，但是在理论上没有困难；这是理想的物体，就像π的小数点后一千位的数字一样真实。因此，像几何一样，在动力学里，精确是数学的，也就是无限的，我们可以计算到任何我们想要的数位。

随着这种新的测量精度的出现，新的问题也出现了。要测量长度，人们主要是要建立一种一致，即把两个物品拿到同一地点：要测的长度的两端必须和尺子上某刻度相吻合。要测量持续时间，人们必须建立一种同时性，即两件事情同时发生：赛跑者正好在钟摆摆动到最高点时起跑，在另一次摆动的最高点时穿越终点。但是两件事情"在同一瞬间发生"是什么意思？如果两件事情在同一地点发生，或者相距很近，意义非常清楚，但是如果是相距很远发生的呢？比如，太远了以至于不能被一起观测。伽利略跪在教堂里可以很好地把吊灯的摆动同他的脉搏相比较。但是如果问在那个时候中国正在发生着什么有意义吗？"同时发生"经得起旅行吗？可以想象宇宙中的一个时间片断——比萨教堂里的吊灯摆动停止、正在迈步的君王、轨道上的行星、漩涡的星系，被同时抓住吗？宇宙的整个历史将只是这些片段的连续，就像电影是照片的连续一样。

比如，如果光是即时传播的话则没有问题：从远处观察到的事件就在它们被看到的那一刻发生，同时性容易被建立。但情形不是这样的，人们需要考虑距观察者的距离、光的路线以及传播速度。换句话说，同时性不能像同时发生一样被直接建立：要说两件事情同时发生需要成熟的光学理论（除非他们发生在同一地点）。比如，如果宇宙被镶嵌在希腊几何的三维无限空间里，光以 300 000km/s 的恒速沿直线传播，那么现在从 300 000 千米外观察到的事情一定发生在 1 秒钟之前。这是伽

① 事实上中国数学家祖冲之在 5 世纪下半叶（450—499 年）就得到了这一结果。—— 译者注

利略认为的理论，结果是对于同时性有一个全球的、普遍的意义。天狼星上的观测者如果有一个足够敏锐的望远镜，他可以透过星际空间、大气层、比萨教堂的圆屋顶看到吊灯的摆动；比如，他观测的摆动的持续时间同会众看到的一样，那么他们就可以定义一个天狼星和地球的共同的时间单位。他也知道他所观测到的摆动是在8.6年前的地球上发生的，因此和他可以叫出名字的发生在天狼星上的一些事情同时发生。把这些长时间观察到的资料拼接到一起可以得到一幅一千年前或一百万年前宇宙的部分景象——延迟的时间越长，覆盖的区域越广。

所以整个宇宙在某一特定瞬间的想法没有意义，我们知道这一点，伽利略也肯定知道这一点。比如，人们可以想象各星系中的各位宇航员各携带一架显示相同日期和标准时间的宇宙标准时钟。无论两名宇航员何时相遇，来自何地，他们的时钟将显示相同的标准时间。一位乘坐太空船飞离地球的旅行者返回后发现他同留在家里的人们变老的岁数完全一致，他所携带的时钟也和他留在地球上的那架时钟显示的时间一致。

当然，这与爱因斯坦（Einstein）狭义相对论的现代光学理论大相径庭：空间旅行者将会在返回后发现他的时钟同留在家里那架相比慢了，对地球上的人而言更多的时间消逝了。无疑，人们不能在这一理论里定义任何宇宙标准时间，也没有人能够决定发生于不同地点的两件事情是否同时发生。空间旅行者怎样把他的日历跟地球上的日历协调一致呢？不论他两年前离开（他的时间）还是20年前离开（地球时间），到目前为止，协调得还不错。旅行者和留下的人们都同意那一点，因为他们在旅行开始和结束时都在一起，他们可以简单的对比一下时钟。但是假设旅行者被告知他妈妈三年前去世了；他问自己这件事情发生时自己在做什么有意义吗？实际上，根据相对论，这没有意义：同时性只对发生在同一地点的事情成立。没有办法把时间从一处带到另一处。假设我对照某一显示标准时间的时钟对好了我的手表，然后到另一地方旅行，在那里我对照我的手表设置了另一架时钟的时间。然后我返回到第一架时钟处，发现它跟我的手表所显示的时间不一致了！我可以声称我设置的第二架时钟仍然显示宇宙标准时间吗？只要涉及的各种速度远小于光速，区别就非常小（实际上，不能被发现）。但是，只要速度一接近光速（这种事情经常在亚原子层面发生），区别就会变得重要（需要加以考虑）。

伽利略和爱因斯坦的理论在不同的层面都是正确的。的确，直到19世纪末研究电磁波（包括光）之前，伽利略的时空理论在科学上是够用的。直到那时，某些宇宙标准时间的观念是非常合理的，只要不考虑非常大的范围（宇宙）或非常小的范围（亚原子粒子），对今天的大多数科学来讲，它仍然足够好。

制造一台可以记录巴黎（或格林尼治）时间的记时器很快成了一个主要的技术挑战，这种记时器可以在全世界范围内携带，有时还是在比较差的环境中。这不是一个把伽利略的思想诉诸检验的问题，而是确定海洋中船只位置的问题。这需要经度和纬度两个数值。纬度可以通过测量星星或太阳高出地平线的最高高度并同天文图表进行比较而得到，这种天文图表将那个最高高度作为纬度和日期的函数。这不是件简单的事情，这需要精确的观测工具和可靠的数值表，但是适当的技术已经从上古时代继承下来并由阿拉伯人发展了。另一方面，确定经度是个尚未解决的问题。从理论上讲，这非常简单：只要测出太阳达到最高点的精确时间就可以了。中午，在你所处的位置；如果你正好知道当时巴黎（或格林尼治）的时间，差别将会精确的告诉你离巴黎（或格林尼治）子午线的距离，这样你就可以得到经度。

在收音机发明之前，知道巴黎时间的唯一办法就是随身携带钟表并且希望你的表不要跑快也不要跑慢。1714 年 7 月，英国国会悬赏两万英镑征求能把经度精确到半度，即 60 海里的方法。这意味着将制造一只误差在两分钟以内的记时器。约翰·哈里森（John Harrison）赢得了这笔奖金。1762 年，他的航海记时器 H4 穿越了大西洋。在 81 天的航行里，误差小于 5 秒。想象一下当时甲板上的条件，永远的颠簸，海浪拍击船体所带来的剧烈冲击，大风灌满船帆，温度和湿度的变化，泰晤士河和美国海岸之间的压力。哈里森记时器的精确是个奇迹。记录时间精确到 5 秒以内意味着经度测量精确到 1.15 海里。这意味着可以描绘确切的世界航海图，可以精确地定位危险海岸和孤岛，他的工作值得获得这笔奖金。最后，这笔奖金也被毫无悬念地颁发给了哈里森。但这也是一个对伽利略普遍时间理论或者绝对时间理论的确认：如果携带一只完美的手表环游世界，返回后手表仍然准时。

现在，让我们研究一下伽利略的钟摆理论是怎样被用来设计精确手表的，正如我们今天所知道的。这将有助于我们对亚里士多德物理学和伽利略所引发的革命有个更好的理解。

当然，最早的时钟是白天可以投射太阳轨线的各种日晷：阴影的位置表示时间，长度表示日期。这种时钟不能测量小于一刻钟的时间，另外，在没有太阳的日子也不行。所以，在古代和中世纪期间，基于亚里士多德物理学所提出的随着时间的消逝，某些系统将会从一种状态变为另一种状态的测量时间长度的观点，其他一些工具得到了发展。它可以是从容器上部流到下部的沙子或水：这就出现了沙漏或水漏壶。它也可以是一组下落的重物：这是重物驱动钟的原理。所有这些时钟都利用了短时间运动的有始有终，它们停止后需要人类参与才能使其重新开始短时间的运动：漏壶必须被重新灌满，沙漏必须翻转，重物必须被推上去。这不是说这些都是初级的工具：相反，制作它们常常需要很大的创造性，并且在制作过程中，必须解决很多技术问题。比如，漏壶上部的水平面不能倾斜，否则流下的水流将会减缓，漏壶的记时将不均匀。由于这些记时器被不断完善，人们对它们的要求越来越高，到了中世纪末，可以显示日期、月相和太阳在星群中位置的时钟被制造了出来。

但是，所有这些器具仍然是不精确的。流水或下降的重物不会把时间分割成完美的相同的间隔。如果你有一钟摆，你则可以容易地测量出相同的时间间隔：只要通过数拍子就可以了。但是如果你用水漏壶或沙漏来执行同样的任务就更加困难了：你必须确定流下了相同量的水或者落下了相同高度的重物。这是伽利略在做他著名的自由落体实验时遇到的问题。他使用了漏壶，因为无法测量小间隔的时间，为了减慢下落运动，他用简单的设计使球沿缓坡滚下而不是从一定高度落下。用他自己的话说，"关于时间测量，我们用了悬挂到某一高度的一大桶水，在球运动的所有时间里，一滴滴水从大桶沿着一根连接到底部的小管流到一个小玻璃瓶里。然后用非常精确的天平称出了水的重量，重量的差别和比例给出了时间的差别和比例。" ①

人们可以容易地想象出这种测量方式的精确性，尤其是即使运动被如此精心减缓后，也不过持续了几秒。实际上，在伽利略的工作里，物理学的新法则更多是由数学或哲学论证支持，而不是由实验支持，后者如此不精确以至于它或者不是决定性的或者同理论相悖。比如，在 1641 年 3 月 13 日，文森佐·雷尼耶里（Vincenzo Renieri）通知伽利略他爬上了著名的比萨斜塔，并从塔顶落下两个同样大小的球，一个木球，一个铅球，铅球下落得快：它落地时，木球离地面仍有 3 码的距离。1640—1650 年，詹巴蒂斯塔·利奇奥里（Giambattista Riccioli）在博洛尼亚进行了一系列试验，发现尺寸同样大小的两个泥球，一个重 10 盎司，一个重 20 盎司，从 312 英尺的高度落下，并不同时着地：它们之间有 15 英尺的差别。当然，所有这些表面上与伽利略所主张的在真空里所有重物下落速度一致（特性之一）的定律相矛盾。雷尼耶里和利奇奥里所提出的不同是由于空气摩擦，在空气被视为独立媒介还非常不明显的时期，这看起来一定非常令人困惑。

伽利略的钟摆也遇到了困难。今天，我们清楚地知道他所声称的不论振幅大小，所有拍子具有相同的持续时间是错误的。实际上，拍子的持续时间随着振幅的增加而增加，并且这很容易检验。把一根杆悬挂起来就有了一个相当像样的钟摆了。现在，把另一端推得偏离垂直越来越远，甚至超过水平线，这样可以得到越来越大的振幅；拍子的持续时间显著增加了。事实上，可能的最大振幅出现在杆上下颠倒时，这时杆处于平衡状态，钟摆根本就不摆动；数学家会把它视为一个具有无限持续时间的拍子。这种平衡是不稳定的：轻触杆，它会重新落下，开始缓慢，然后越来越快；通过安排非常慢的首次下落，可以得到我们想要的慢拍子。所以事实上是钟摆的周期，也就是节拍的持续时间，会随着杆的最初位置接近垂直而无限增加。1644年，梅森（Mersenne）就已经指出周期随着振幅的增大而增大。他通过制造两个相同的钟摆并同时从不同的角度使它们开始摆动这种简单的方法就证明了：这可以立即很明显地发现宽角度的拍子摆动的慢一点。只要两个钟摆的振幅都小，这种区别

---

① 《阴谋史》（Leyden: Elsevier, 1638），第二天。

就不重要，但是当振幅大时，区别就变得重要了。但是梅森也证实周期不依赖于钟摆的材料或重量，它和长度的平方根成比例，这同伽利略的法则一致。

就像这是一个实验真理一样，伽利略仍然坚持等时性。他把它视为是对他所发现的落体运动定律的一种肯定。在《对话》中，他解释了悬挂在两条同样长度的线上的两个球怎样保持同样的拍子，虽然一个是铅球，一个是木球，并且铅球将比木球保持摆动的时间长些。他通过使钟摆从不同的位置甚至从接近水平的位置开始来观察大大小小的振幅而没有观察到明显的变化来使我们相信，并把这个作为无论重量大小，所有落体下落速度一致的证据，由于空气摩擦的修正作用，轻球早于重球停止。对伽利略来说，钟摆等时性的真正影响是支持他的运动理论，这个结果太重要了以至于不能让事实妨碍了它；这也许说明了当与理论不相符时他对实验结果的相对漠视。伽利略不是第一个，也不是最后一个使理论优先于实验的人。科学上的理论家和实验家的关系通常是不稳定的。爱因斯坦在面对可能与他的相对论矛盾的实验结果时曾说了一句著名的双关语，"理论是好的"。伽利略也有一个理论，钟摆等时性恰好也是这个理论的核心；即使实验结果和理论不那么相符，他也找到了可以使自己放心并说服怀疑者的数学证明。

不幸的是，伽利略的证明是错的。他首先提出了一个有趣的几何问题。假设要建一个连接地面上方 A 点同地面 B 点的可能最快的滑道；这个滑道将会是什么形状的呢？换句话说，使重物从 A 点在没有外在推力的情况下，单单凭借其本身的重量滑到 B 点；很清楚，如果忽略摩擦，从 A 点到 B 点的时间仅仅取决于滑道的形状，我想得到最佳的形状是因为我想使这个时间是可能的最短时间。我可以猜得到这个最理想的形状的样子：近 A 点的斜线应该陡峭，所以重物在开始时可以获得速度，在 B 点处将会是水平地结束。伽利略更近了一步，他声称最佳形状是连接 A, B 两点的圆的弧，这是错误的；从这个结论出发，他继续证明钟摆是等时的，这也是错误的。

像数学里的很多情况一样，错误最后会变得硕果累累，因为它说明了伽利略所处理的问题比它最初看起来要微妙得多。当时很多伟大的科学家都着手研究此问题。真正等时、周期真正同振幅无关的钟摆存在吗？给定点 A 和 B 之间滑道的最理想的形状是什么样子的呢？这可以被视为几何上的两个不同问题。第一个问题是寻找一条曲线，这条曲线可以使在其上滑动的点到达最底点的时间不依赖于起始点。第二个问题是寻找 A, B 间的一条曲线，这条曲线可以使从 A 处滑下的点在可能的最短时间内到达 B 点。实际上，伽利略想到两条曲线相同是正确的，不是他认为的圆弧，而是不同曲线的弧——它的发明者称之为旋轮线，现在称为摆线，这是 17 世纪最有趣的几个发现之一。帕斯卡（Pascal）是这样描述的："旋轮线是一种普通的曲线，除了直线和圆以外它最常见了；它如此频繁地出现在人们眼前，以至于人们疑惑以前的作者为什么没有考虑过它呢，因为在他们的作品里，找不到这种曲线的踪影：因为这只是轮子在地面上滚动时，轮子上的一颗钉子在空中所走过的路线，从钉子离开地面的那一刻开始到运动又把它带回原位结束，轮子转动一整圈：假定轮子是个完美的圆、钉子是圆周上的一点、地面完全平坦。"①

　　正如帕斯卡所指出的古希腊人没有研究这种曲线的数学方法；因为只用直尺和圆规作不出这种图形，而且一个代数方程描述不了它。要研究旋轮线必须等到微积分这种新方法的出现。微积分是 17 世纪发展起来的，在戈特弗里德·莱布尼茨（Gottfried Leibniz）和艾萨克·牛顿（Isaac Newton）的工作中达到顶点。第一个重要的结果可能来源于罗贝瓦尔（Roberval），他在 1638 年证明了旋轮线一条弧下的面积是基轮面积的三倍。虽然他对它很熟悉，伽利略没有证明旋轮线就是他所提出问题的真正答案的数学方法。这一荣誉落到了克里斯蒂安·惠更斯（Christiaan Huygens）和伯努利（Bernoulli）兄弟雅各布·伯努利（Jacob Bernoulli）和约翰·伯

图 1　旋轮线机

这是一架木制的旋轮线机，建造于 18 世纪，现存放于佛罗伦萨的科学历史博物馆。它可以用来说明旋轮线的两个主要数学特点。第一个是等时性。在栏杆上松开一个球，它将会振荡，先滚到底部，然后滚上另一侧，又滚回底部，又滚上开始的那一点。它像钟摆一样，但是它振荡的周期与振幅无关。这可以由从不同的高度从两侧同时落下两个球，它们会在最底端（中间的最低点）相遇来说明。第二个性质是最速降性：沿旋轮线滚下是到达底部的最快方式。这可以通过从右边最高点的旋轮上和直杆上同时落下两个球的实验来说明：旋轮线上的那个球最先到达底部。存在用来构造旋轮线的第三个数学特性。在圆上作一记号 M（比如，在自行车轮胎上用白色涂料染一个点），然后在平地上滚动这个圆（骑自行车）；M 点（白点）将会在空中划出一个旋轮线。这个旋轮线是凸的，而不是凹的（这被认为是看待旋轮线的正确方法，所以佛罗伦萨的木制旋轮线机是反向的）；它的顶点（拱形上的最高点）是车轮顶部 M 点所在的位置，而它的底部是 M 点碰触地面的地方。

①《旋轮线的历史》（1658）。

努利（Johann Bernoulli）身上，他们说明了反向旋轮线（下凹）是这两个问题的解。惠更斯在 1659 年展示了旋轮线形状的钟摆会真正的等时（物理实现上是让一个球在一个反向旋轮线上来回摆动），伯努利兄弟在 1697 年展示了反向旋轮线形状的滑道是两个给定点之间的最快路线。他们的证明是变分法历史上划时代的事件，是我们在后面的章节里将用大篇幅描述的新的数学原理，这也被证实是根据伽利略思想发展经典力学的本质工具。

这些理论的发展也将会带来技术进步，结果是历史上科学家第一次可以期待测量时间的新的和准确的方法。1637 年，在给一位荷兰通讯记者的信里，伽利略描述了一架用钟摆原理制造的时钟，"它是如此精确以至于无论在任何地方、任何季节都可以准确无误地记录无论多小的时间间隔。"通常，这些断言有些不成熟；伽

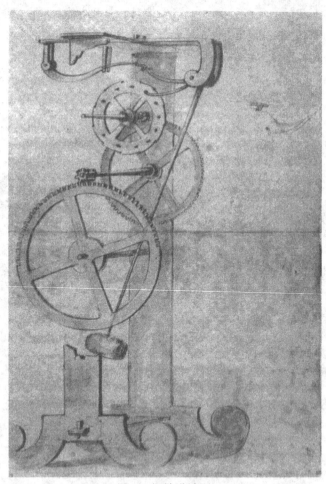

图 2   摆钟设计图

由文森佐·伽利略和文森佐·维维安尼 1659 年绘制，现收藏于佛罗伦萨科学历史博物馆。

利略对于计时器也没有进一步的兴趣，也不知道他是否制造过摆钟。他的儿子文森佐（Vincenzo）和他的合作者文森佐·维维安尼（Vincenzo Viviani）描绘过摆钟的图样，但是这些设计是非常初步的。是惠更斯实现了伽利略的梦想，发明了现代机械表。

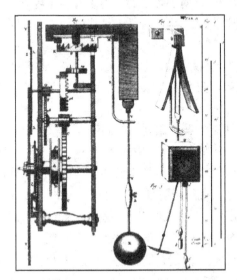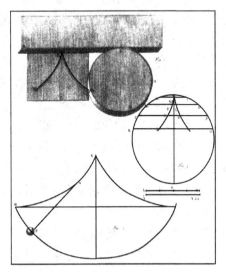

图 3　惠更斯的钟表设计

基于旋轮线等时性。来自他的《计时振荡器》（Paris, 1673）。

惠更斯把他大部分的生命奉献给了制造摆钟的理论和实践，1673 年，他出版了一本关于摆钟的很好的书，叫做《计时振荡器》，也就是《论摆钟》。惠更斯的理论和实践齐头并进；数学地解决问题对他来说还不够，他还想利用现有的技术找到解决方法。比如，正如我们刚刚所看到的，他发现旋轮线形状的钟摆会真的等时，也就是摆动的周期不依赖于它们的振幅。这确实是一个圆形钟摆所没有的引人注目的性质，但是人们怎样制造一个这样的钟摆呢？圆形钟摆非常简单：只要在一根细线上悬一个重物即可。但人们怎样给这个重物强加上旋轮线形状的轨迹呢？惠更斯找到了一个真正不同寻常的解决方法。他说明通过把细绳挂到两个合适的旋轮线之间就足够了，而不是使重物自由摆动。这样当重物沿旋轮线摆动时，细绳将会部分地卷曲自己，从而缩短了它的长度。如果曲边的形状正合适，细绳的自由端将会沿着旋轮线摆动。找到曲边的合适形状是另一个数学问题，惠更斯在所有曲线中选取旋轮线成功解决了这个问题。

1657 年，惠更斯成为率先制造摆钟的人之一。1659 年，他制造了另一个时钟，这个时钟的振荡器不再是钟摆，而是一个由一根细弹簧拉回平衡位置的平衡轮。但是人们必须使摆动继续下去；为此惠更斯发明了擒纵轮，这种擒纵轮平时不接触平衡轮，只在平衡轮达到平衡的时候会轻触它一下。平衡轮和擒纵轮是今天所有机械表的标准特征。虽然尽了最大的努力，包括投资了很多自己的积蓄，惠更斯没能实现他制造一只可以经得起海上条件，精确到可以测量经度的航海记时器的雄心。当然，这需要克服很大的困难：理想的记时器应该对温度变化（温度升高1度时，钢杆材质的普通钟摆每天减慢半秒）和穿越地球时重力的变化（在其他条件均相同的条件下，同一个钟摆，从极地地带到赤道，每天将减慢226秒）不敏感。正如我们所看到的，这一目标直到一个世纪后才被哈里森实现。但是，惠更斯仍然是现代记时器的奠基人，是历史上主要技术进步在科学家和理论家中产生而不是由从业者和专业技师中产生的几个少数例子之一。

要欣赏惠更斯的贡献，也许值得退后几年去看看伽利略的同代人为了找出周期为1秒钟的钟摆所作出的努力。的确，当欧洲的科学家们决定检验一下伽利略的落体运动定律并测量相关的常量时，对精确记时器的需要立刻出现了。整个问题简化成了寻找落体在被放开后的前1秒钟内下落的距离。但是知道它是一天的1/86 400，怎样测出1秒钟呢？伽利略以后，惠更斯之前，最好的答案就是造一个一天正好摆动86400下的钟摆。梅森对此问题感兴趣，并于1636年测定合适的钟摆应该3英尺长（法式计量单位，1英尺等于32.87厘米）。然后，他用他的钟摆测出了自由落体在前一秒钟落下的距离是12英尺，但是伽利略测得的距离却比这个数的一半多一点，这可以说明他的实验是多么不精确。几年后，博洛尼亚可敬的利奇奥里（Riccioli）着手研究同样的问题：他制造了一只3英尺4.2英寸长（博洛尼亚制式，1英尺等于29.57厘米）的钟摆，同其他9个神父一起数了1642年5月12日这一整天的所有摆动。他们数了86 999次摆动，并推导出合适的钟摆将是3英尺3.27英寸长。然后利奇奥里测得自由落体在前1秒钟的下落距离是15英尺，这是伽利略所测数据的两倍多。

我们已远离这些英雄的时代。现在，秒被定义为铯133原子的两个基态能级的转换所经过的9 192 631 770个辐射周期，这个精度达到百亿分之一，现在有能够达到这个精度的记时器。这也许是对伽利略最后的辩护。真正钟摆的周期与它的振幅有关，虽然伽利略的主张与此相矛盾；他的思想可以被用来制造可靠的记时器需要整整一个世纪的努力；他自己的测量是不精确的；他的理论更多是依靠它们的内在条理性和他的社会威望而不是试验证据，如果有的话。但是，今天我们制作了一个理想的钟摆，这个理想钟摆确认了伽利略的直觉，我们可以通过数拍子的方式来测量时间。这种钟摆不是人造的；它是一种光波，这同惠更斯的伟大直觉一致。惠更斯是认为光是由波而不是由粒子组成的第一位物理学家，他对波和振动作了第一次系统的研究。

即使没有像记时器和光波这样的物理实现,伽利略的理想钟摆在科学历史上也具有相当重要的意义。它使时间变成了像长度和重量一样可以分割成相等片断的均匀的量。这些片断可数,用这种方式,不同长度的时间可以被比较和测量。从那一刻起,数学登场了。伽利略发现了时间的数学,正如古希腊人发现了空间的数学。

第二章　现代科学的诞生

数学的范围远非几何，它延伸到了现实的中心。这是伽利略的伟大发现，他为子孙后代记录下来："哲学被写入永远展现在我们面前的巨书里（我指宇宙），不提前努力学习相关语言和书写它的文字，就无法理解它。它是用数学语言写成的，它的文字是三角形、圆以及其他几何图形，没有这些方法，人类不可能理解它们，没有它们，我们所能做的只是在错综复杂的迷宫中毫无目的地徘徊。"①

即使在伽利略之后 4 个世纪的今天，人们仍然迷惑为什么与方程和计算有关的数学概念能够模拟和预测现实世界中物理系统的行为。1960 年，物理学家尤金·魏格纳（Eugene Wigner）写了一篇著名的文章："论自然科学中数学的超乎常理的有效性"。②由思想和概念组成，以逻辑标准判断真理的数学世界和由物体和事件组成，仅仅以我们的感觉判断真理的物理世界之间应该存在很大的差距。这两个世界是怎样联系起来的呢？仅仅是计算和逻辑论证怎么能够控制星系或原子的路线呢？相反，意识和智力怎么能够在纯物质的世界出现呢？

但是，事实的确如此。伽利略的发现标志着现代科学的开始。他指出了道路。17 世纪所有的科学家都沿着他的道路前进。比如，引用笛卡儿（Descartes）在描述自己多年的研究时所说的："我特别喜欢数学，我发现论点可靠且不证自明；但那时我没发现数学的真正用途，因为我认为它们仅仅用在机械技术上，我怀疑没有更重要的事情建立在这个坚实而确定的基础上。"③

几年后，笛卡儿自己将会统一几何和代数，从而创造现代数学，这被证明是把伽利略的思想发展为成熟运动理论的正确的工具。笛卡儿的伟大发明——解析几何可以把几何中的每一个问题都转化成代数问题并通过计算加以解答。数学不再划分为代数和几何，它变成了统一的理论。力学是对运动的研究，我们看到在 17 世纪末它也变成解析的了，这意味着它被约化成代数：力学中的每一个问题都可以陈述成一个代数问题，运动方程可以被直接写出来，找运动意味着解方程。在笛卡儿以后的 3 个世纪里，几何和力学被简化成计算，解答问题的适当步骤是尝试解开相应的方程。直到 20 世纪前夕，亨利·庞加莱（Henry Poincare）时期，这种方法的局

---

① 《尝试者》II（1623），第六章。
② 魏格纳. 论自然科学中数学的超乎常理的有效性. *Communications in pure and applied Mathematics*, 1960, 13: 1–14.
③ 《方法论》（1637），第一章。

限性变得明显。

笛卡儿的数学是表示和发展伽利略思想的恰当工具。但是为什么正确的数学具有如此大的力量呢？在贝尔托·布莱希特（Bertolt Brecht）的《伽利略传》①中，在伽利略和红衣主教巴贝里尼（Barberini）生动而有趣的对话中可以找到一个答案，巴贝里尼很快成为了教皇乌尔班八世。

下面是伽利略和红衣主教巴贝里尼之间的对话：

巴贝里尼：亲爱的伽利略，你如此确信你们天文学家不只是试图使自己的生活更舒适吗？你们考虑头脑可以理解的圆、椭圆、匀速和简单的运动。想象上帝乐意使星星这样移动（他的手指在空中以不同的速度画了一条非常复杂的路线），你的计算会是怎样的呢？

伽利略：阁下，如果上帝以这种方式构造世界（他折回巴贝里尼的路线），他也会以这种方式构造我们的大脑（他折回了同一条路线），所以这些路线对我们来说将是简单的，我相信理性的力量。

巴贝里尼：我认为理性的力量并不够好。看看他是怎么保持沉默的，他太客气了以至于不回答他认为理性的力量不够好。

巴贝里尼这个正好是伽利略的朋友和仰慕者的人提出了一个非常有意思的问题：我们所说的科学简单性是什么意思？什么是一个简单的解释，为什么物理法则应该简单？比如，在天文学里存在宇宙的多种不同模型，它们都声称简单。在古代和中世纪之间，匀速圆周运动被认为是所有可能的运动中最简单的。匀速直线运动被认为不具有可能性，因为宇宙被认为是由一个镶嵌着星星的巨大的坚实球体包裹着，那样的运动最终会触到边界。匀速直线运动过了很久才被接受到物理范畴，而被认为比圆周运动简单则经过了更长的时间②。伽利略甚至也倾向于匀速圆周运动，第一个清楚地声称直线匀速运动是所有运动中最简单的是笛卡儿。他是第一个阐明太空中行进的一点，在无外力影响的情况下，将沿直线做匀速运动的人。③

但是，数世纪以来，匀速圆周运动被认为是最简单的。由于引进这种简化引起的错误认识，比如从托勒密（Ptolemy）继承得来并由阿拉伯人传播的天文系统试图结合这样的运动来推导天空中行星和恒星的实际运动：想象一只托着另一只轮子的轮子还托着一个载着行星的轮子，所有的轮子以不同的速度旋转。结果远非简单。据说听完对托勒密系统的全面说明后，绰号叫做智者的卡斯蒂利亚（Castile）国王阿方斯（Alphonse）十世说，如果上帝创造世界之前请教他的话，他将得到一些好的建议。

为了简单起见，开普勒（Kepler）没理会所有这些匀速旋转的轮子，他把太阳

---

① 场景 10。

② 从这里开始，"匀速"表示以匀速运动；"线性"表示沿直线运动；"圆周"表示沿圆周运动。

③ 这通常称为"惯性运动"。

摆在宇宙的正中心。所有的行星和地球本身沿椭圆形轨线绕太阳变速旋转：接近太阳时加速，远离太阳时减速。又是为了简单起见，牛顿用更深奥的数学定律代替了开普勒的实验定律，因为除了更一般的情形，天体绕太阳转。不幸的是，这一新发现的简单性被证明仍然是假象：牛顿的定律可以带来极其复杂的运动。在大多数重要情形下，运动方程不可解，诸如天体系统长时间稳定之类的基本问题至今没有答案。最后但并非最不重要的一点，也是为了简单起见，爱因斯坦最终没有理会伽利略的通用时间观点。在爱因斯坦的广义相对论里，时间、空间之间不再有清楚的界线。反之，存在一个时空的一般几何，使得牛顿万有引力定律只是特殊情形的数学关系。所以我们离开了圆周运动而转向椭圆运动，又到了稳步增加复杂性的数学关系。那真是通向简单性的路吗？巴贝里尼的观点被广为认可：科学家通过简单化的解释要表达什么意思？

14世纪初，一位法国修道士威廉·奥坎姆（William Ockham）为这一问题提供了第一个答案。他提出一条一般原则，我们现在知道那叫"奥坎姆剃刀"原则，因为他所表达的明确建议是从我们的解释中删除不伤害论点本质的一切东西。"不要增加不需要的概念"或者"能够利用较少理论去做的就不必用更多"。遵循一般和可接受的原则来解释身边的事情的观点总是强于为一个非常特别的情况所推导出的新的和未尝试过的解释。

拿破仑大帝曾经问伟大的天文学家皮埃尔·拉普拉斯（Pierre Laplace）（他发表了大量天体力学方面的论文）认为上帝处于宇宙中的什么位置。"陛下"，拉普拉斯回答道"我发现作这种假设没有必要。"这是应用"奥卡姆剃刀"原则的一个漂亮例子。注意拉普拉斯的回答不像它看起来那么简单。比如，牛顿需要这个假设，因为他认为最终行星会在它们的轨道上慢下来或被小的干扰变动方向，所以每过一会儿，上帝之手把它们重新推回轨道。但拉普拉斯不认为这样。他发现天体的所有已知运动可以通过应用牛顿的定律并执行必要的计算来解释。要用公式表示这样的定律，需要伽利略的时空框架，加上质量和力量的力学概念，并且拉普拉斯感到只要它们能够足够解释自然现象，任何其他原理都超出科学的范围，比如上帝的存在以及他对人类的恩惠将会变得多余而形而上学。

两个世纪后，积累的许多实验证据表明那并不总是像伽利略力学解释的那样；比如，水星的轨道存在恼人的差别，它是距太阳最近的行星。数世纪以来，行星轨道发生改变，主要的变化是轨道绕太阳以非常慢的速度旋转（这样的旋转在轨道为圆形时不可见，但请记住，轨道是椭圆的）。旋转可部分地被解释为其他行星的吸引：作用于星球上的力量主要来自太阳，但也一定被其他天体作了修正，这些天体也对行星施加吸引力。但是，比如说水星，每世纪有43秒（弧，不是时间）没有计算在内，虽然这是个微不足道的量，但远在天文观测的精确度以内。爱因斯坦提出了说明这个和其他事实的新概念，一种时空新理论代替了伽利略的框架：这种新理论就是相对论。所以，这最终证明拉普拉斯之后需要增加新概念，这也许使他自己感到非常惊奇。但"奥坎姆剃刀"依然有效：爱因斯坦没有提出除了解释已知现象绝对必需的概念外的新概念。

事实上，牛顿在他 1687 年出版的伟大作品《自然哲学的数学原理》中也这么说。以下是他对科学方法提出的几条准则：

（1）除了对解释事实有必要外，不必承认其他的原因。

（2）因此，同一种结果总是尽可能地归因于同一种原因。

（3）不易变化的事物（既不增加，也不减少）的性质适用于我们可以试验的所有事物，这些性质必须也被视为适用于所有的一般事物。

（4）在实验哲学里，能从事实推导出的结论必须被视为真理或接近真理，即使假设与它们矛盾，除非有更多的事实完全肯定它们或者说明那是例外。没有假设可以削弱从实验得到的结论。

即使是经过了几个世纪和数次科学革命的今天，这些准则依然没有改变。牛顿是个天才；他以简洁的方式表达了深刻的思想。我们将看到，这同莫培督热情的表达差别很大。牛顿知道科学是连接理论和实验的一条链，他拉这条链以检查其是否结实。他阐述的四条准则是好的科学的方法。前两条是对"奥坎姆剃刀"的解释：如无必要，不要引进新的原理和概念，只要可以，尽量多地使用已有的。第三条是自然的一致原则，同"奥坎姆剃刀"非常相似：没有理由怀疑你所未见到的非常不同于你所见到的。在看到月球的另一侧之前，认为它是由雪或蓝色奶酪覆盖是不合理的。牛顿给出了这一同质性准则发挥作用的其他例子："人类和动物的呼吸，在欧洲和美国落下的石头，火光和太阳光"；在这样的每一对里，现象必须被一起考虑。没有理由怀疑人类和动物的呼吸不同，不同地方石头下落的方式不同或者太阳和火所发出的光不同。

牛顿的最后一条准则规定了理论和实验之间的界线。理论一定来自对实际的推导，而永远不会来自假设（比如，大自然在努力地达到某种目的）。直到新的实验（不是新的假设）显示出它的局限性之前，它都可以被接受。新实验出现时，它要为新实验让路。这在 1687 年是一个令人惊讶的现代科学观，与波普尔（Popper）在 20 世纪中期所提出的观点非常相似。也许牛顿更强调节俭、节约地使用概念和原理。如果自然界没有规律性和统一性，如果可以找到对人类呼吸和动物呼吸不同的解释，如果人类需要关于在欧洲落下的石头和在美国落下的石头的两个理论，原因将会被无止境的增加，任何系统知识的出现将成为不可能。

显著的事实是事情不是这样的。自然不是一个智力的挥霍者，非常多的个别现象可以由非常少的一般原理和概念结合一系列逻辑关系和数学运算解释。当然，最好的例子是牛顿的引力理论。除了牛顿的时空框架，只需要三个概念：加速度、质量、力。一旦理解了这点，万有引力定律就是个非常简单的陈述了，即两球互相吸引，引力同它们的质量成正比，同它们距离的平方成反比（如果它们之间距离变为原来的 2 倍，引力将变为原来的 1/4）。这一非常简单的论述是绝对普遍的：它在全宇宙成立，并且可以运用到非常广的范围。牛顿定律可以用来预测潮汐、日食、月食和地球卫星的位置。

当然，所有这些预测背后的数学论证远非简单，牛顿的《自然哲学的数学原理》是历史上最伟大的书之一。读者不能不被作者的天才所折服。主要因为开普勒对行星距太阳的距离同年的长度有关联①所作的观察，在牛顿之前，爱德蒙·哈雷（Edmund Halley）、克里斯朵夫·雷恩（Christopher Wren）和罗伯特·胡克（Robert Hooke）都阐述过反平方定律。但是只有牛顿具有数学天才证明开普勒发现的行星运动的所有事实都可以从反平方定律的逻辑推论导出。即使到了可以方便使用所有现代数学工具的今天，进行必需的计算仍非易事。牛顿使用初等几何，仅仅使用椭圆的某些性质就做到了，而这些知识古希腊人已经掌握了。

怎么可能呢？物理现实怎能由最少的准则解释，怎能似乎与逻辑论证和数学计算相适应？对于牛顿来说，答案是显而易见的：因为上帝创造了天堂和地球。整个行星系统是按照我们智慧所及的规则建造的，正如《创世纪》中所说的，上帝创造我们为他的复制品：即，虽然我们与上帝的完美差别很大，但我们仍然是按照相同的模式被创造的。我们理解这个世界和它的规则毫不奇怪，因为我们和创造者同属一类：如果我们发现行星运动可由反平方定律解释，这仅仅是因为当上帝创造万物时，他决定使它遵循反平方定律。

但是，牛顿很快就指出反平方定律没有为我们提供一个完全的解释：它告诉我们运动是怎样进行的；但没告诉我们运动是怎么开始的。"这些轨道最初的、规则的位置不能归因于这些定律：太阳、行星、彗星令人惊奇的分布只能是全能的、智慧的上帝的杰作。"②换句话说，世界是一台机器，科学给了我们设计蓝图。首先，它不会告诉我们为什么制造一台这样的机器或者制造这台机器有什么好处。科学被赋予了一种非常谦虚的角色，只是告诉我们机器是怎样运转的。更深的解释需要到别处寻找，如果最终可以被找到的话。牛顿本人花费了很多时间和精力研究圣经教义，并且在《启示录》③一书中写了 30 多万字，这也许没有最好地利用他的时间。让我们通过问这样一个问题进入一个游戏：上帝在完成创造后做了什么？

尼古拉斯·马勒伯朗士（Nicolas Malebranche），笛卡儿的信徒，是一个有强烈信仰的人（他是奥拉托利会的牧师，而且是非常虔诚的一个），他在《创世纪》中找到了答案："完成所有的工作后，第七天上帝休息了。"完成创造后，在创造了天堂和地球并使它们运转起来后，上帝休息了，他像一位优秀的工程师一样愉快地

---

① 这是开普勒第三定律：如果离太阳的距离乘以 k，得到的年的长为原来的 $k^{3/2}$ 倍。

②《总释》，加入第二版《原理》（1713）。

③ 见 www.newtonproject.ic.ac.uk 在线版。

欣赏着自己制造的机器毫无瑕疵地运行。他在前六天设计并运行的机械装置保证着整个装置的运行，不再需要他的干预了。我们可以通过掀开帽盖发现这些机械装置并观察它们的运行，我们也可以改造这台机器的蓝图。但是，根据马勒伯朗士的观点，我们永远都不能从蓝图得知工程师的目的：只有在圣经和教义中，上帝的目的才会显示，这超出了纯粹科学的范围。

牛顿和马勒伯朗士都是他们那个时代非常有代表性的人物，在17、18世纪，物理世界被视为一台由创造者设计并运行的机器。在完成他的工作后，上帝就悠闲地站在自行运转的机器旁边观察。这也许看起来并且的确是世界的一个粗糙模型，尤其是想到同物理世界一起存在的还有一个生物世界；比如笛卡儿认为动物只不过是另一种机器。一台没有感觉的机器由智慧生物制造：这是一个极化的世界，非常难以把两极拉到一起。一方面是纯主体，包罗万象的头脑：世界是上帝永恒独角戏中的一个短暂的梦。另一方面是纯客体，没有感觉的机器，没有任何意识，只要不再被需要，随时都可以被遗忘。这种二择一在哲学上很多，它们都是上帝同创造物间原始对立的映像，并且难以克服：灵魂和身体、精神和肉体、形式和本质、被动的自然和能动的自然。

对我们的目的更重要的另一个例子是有效因和终极因的区别，这在古代哲学是经典的。有效因给出了机器的设计蓝图，它们描述了不同的机械装置以及它们的运转，但是终极因从工程师的目的来解释机器的设计。柏拉图在他的对话《斐多篇》中很好地解释了这种差别。问题是苏格拉底是否应该利用逃跑的机会，他被判处死刑，现正在监狱等待处决。他告诉他的信徒，关于他留下来的事实有两种解释：一是基于道德原因（这是终极因），他决定留下来，另外一种原因（有效因）如下：
"让我们设想一下一个声称苏格拉底可以用他的智慧去做任何他决定去做的事情的人将会这样开始分析苏格拉底留下来的原因。首先，他会说我现在坐在这的原因是我的身体由骨头和肌肉组成，骨头坚硬并且相互关联，但是肌肉柔软，可以推或拉，所以肌肉作用于骨头使我可以弯曲手臂和腿直到坐到你们面前；同样地，描述我们的谈话时，他将使用同一类型的原因，发出声音，振动传到耳朵，以及其他这样的琐事，但是他将不会提到真正的原因，那就是当雅典人决定判处我死刑时，我已经决定坐在这儿，所以我们每个人正在做着自己认为最好的事情。" ①

的确，听苏格拉底解释他为什么留下来比诉诸于肌肉作用于骨头上的解释更令人满意。不幸的是，我们不能用这种方式询问上帝，他创造世界的目的（如果是一个上帝而不是多个上帝，如果是他创造了世界）仍是个谜。所以我们只好按照没有目的进行了：科学没有终极因，我们必须满足于唯一剩下的这个有效因了。这意味着用螺母、螺钉来解释一切。比如笛卡儿想象了一台模仿人类身体的机器：

---

① 《斐多篇》, 98。

　　我现在想让你考虑这台机器所执行的所有功能，比如肉类消化，心脏和脉搏的跳动，胳膊和腿的营养和生机，呼吸，醒来和睡觉；用外部感觉器官感受光、声、气味、味道、热以及其他性质；它们在普通感觉和想象器官所形成的印象；它们在记忆中留下的方式；精神和激情的内部运动；最后是他们模仿得尽可能逼真的真正的人类身体的外部运动，这种运动会同我们意识感觉到的物质的行为和在我们记忆中遇到的激情和印象联系紧密并随之调整。我想请大家考虑所有这些功能直接遵循机器元件的配置，就像钟表或自动化装置的运动遵循它重量和齿轮的配置一样。①

　　动物是机器，人体也是机器。

　　世界是一台机器，科学虽然不能告诉我们机器的目的，却应该能为我们提供设计图纸，这一观点一直持续到现代。这没有什么可奇怪的：文艺复兴时期，科学同技术联系紧密（在上古时代，事情不是这样的），并且工业革命使这种联系更加紧密。当时最伟大的科学家，伽利略、惠更斯、帕斯卡，更不用说达·芬奇（Leonardo da Vinci）了，他们都是工程师，制造工具是他们科学工作的一个组成部分。对于一个工程师来说，理解某物才能制造它；不论自己制造了什么，自己都完全理解它。如果世界可以被理解，那是因为它是一台机器，由最伟大的工程师制造。世界是一架钟表，通过观察钟表你可以知道还存在一位钟表匠。上帝的工作可以被看到，他的特点可以从物理世界令人惊奇的安排中而不是从圣经血腥的历史上推断出来：他首先是理性的生物。这种观点在法国革命期间达到顶点；全国建造了理性女神的神殿，正面刻着碑文："法国人民承认上帝和灵魂的不朽。"

　　伽利略把理性提升到了顶点。当时所有的科学家和哲学家都同意理性高于一切的观点：它不是被创造的，尽管世界是被创造的：反之，它负责创造。即使像马勒伯朗士这样真正的基督徒也认为"至高无上的理性与上帝同质共存。"换句话说，上帝不是理性的或理智的：他本身就是理性。数学和逻辑真理不是被创造的：它们是神圣自然的一部分，上帝不会比改变自己更多地改变它们。布莱希特向伽利略灌输这样的思想：上帝可以创造一个完全不同的世界，那个世界由不认为椭圆和圆周是可能的最简单的路线的不同人类居住。这确实是个非常现代的观点，在 17、18 世纪还非常陌生。因为在那些时代里，上帝不制定逻辑或数学规则，它们是他本身的一部分，并且在任何可能的世界里都是一样的。

　　我们现在遇到了一个非常有趣的问题，这个问题在伽利略发现木星有卫星，月球上有山脉时变得流行起来：还可能有别的世界存在吗？这是唯一可能的世界吗？如果不是，存在其他的世界吗？的确，如果上帝创造了一个世界，他可能创造具有不同规则的更多世界。他一定会保持同样的逻辑和数学规则，但在物理方面呢？上帝是否可以创造一个由其他的，比如反立方代替反平方的世界？在这个假设的世界

---

① Annie Bitbol-Hesperies and Jean-Pierre Verdet 编：Le monde, l'homme（Paris: Editions du Seuil, 1996），结论。

里，两物体间的吸引力同它们距离的立方成反比，所以如果它们之间的距离变为原来的 2 倍，引力将变为原来的 1/8（而不是/1/4）。这样的世界同我们这个世界一样是逻辑的、数学的；它被创造出来了吗？如果是的话，它在哪儿呢？如果没有，那为什么呢？

当然，有人会说这样的研究远远偏离了科学的路线，但这在那些时代不是的，那时新世界被不断通过探索地球和仰望星空发现。伽利略是第一个把新发明的望远镜指向夜空的人，他发现了很多新天体，有的离我们很近，如木星的卫星；有的离我们很远，如低纬度的星星。即使非常熟悉的物体也显示了完全令人想不到的、显著的本来特色：月球上有山脉和海洋，太阳上有斑点，土星周围有光环。这些不仅仅是围绕天空旋转的灯；这些是与地球差别非常大的，有的是比地球更大的完整世界。在宇航员探索太空的时候，有些人正在注视着另一个方向，用显微镜研究我们这个世界的更小的部分。他们看到昆虫和蠕虫变成了巨大的怪物，通过更深层次的观察，他们发现了微生物的整个族群在远低于人类视力所及范围之下的领域快乐地生活。世界在每个层面上都是满的，而且每个层面都忽视更高或更低的层面。

这些发现的哲学推论是极广大的：人类生于一个有限的宇宙，由载有星星的球体围绕。文艺复兴时期，人类进入了一个无限的宇宙。也许他们并不孤独，因为没有理由认为宇航员发现的新世界有那么多沙漠。如果它们被证明是可居住的，则需要另一场哥白尼式的革命：人类不再位于创造的中心，就像地球不再位于宇宙的中心。低于我们这个世界的小尺寸世界里拥有一些相似的奇迹：因为所有层面上都存在大量的生命，为什么智慧仅限于我们这种尺寸的呢？

伏尔泰的一个短故事抓住了当时的哲学观点，在天狼星上居住着一位仁慈的、受过教育的巨人，他的名字叫微型巨人。他想周游世界。他发现了一个比他小很多（虽然按照我们的标准已经非常巨大了）的旅伴，但他用可敬的想法克服了偏见，他想"可思考的生物不能因为只有 6000 英尺高而被抛弃。"他们先在地球上着陆了，一开始，他们没有在地球上发现生命，因为人类和动物的尺寸远远低于他们所能看到的程度，幸运的是，他们想到用显微镜观察地球的好主意，然后他们当然看到了地球上奔跑的和游泳的小生物。实际上，他们撞上了从斯堪的纳维亚归来的莫培督的船。伏尔泰自然没有错过再次讽刺他宿敌的机会。

有更多关于其他可能的世界的故事、小说和论文。在英国，约翰·威尔金斯（John Wilkins）1638 年出版的书《新世界的发现或致力于证明月球上可能存在另一个可居世界是可能的对话》获得了巨大的成功。在法国，丰特奈尔（Fontenelle）写了《谈宇宙的多样性》一书，直到他 1757 年去世，此书已被重印 30 次。我们可以引用西哈诺·德·贝热拉克（Cyrano de Bergerac）（他由于别的原因而出名）和皮埃尔·博雷尔（Pierre Borel）的话，他在 1657 年出版的《证明天体是可居陆地的新对话》一书中写道：人类应该停止像从没离开过村子并且坚定地认为世界上没有什么是伟大的那些无知农民一样地行动。这是一条好建议，至今仍然有效。

这种文学最主要的作品也许是托马索·康帕内拉（Tommaso Campanella）在狱中所作，出版于 1616 年的《捍卫伽利略》。他逐一分析了伽利略的发现，并说明它们同单一的、组织良好的宇宙图像是多么相符。比如，想象地球在月球的环绕下，在空洞的太空中旋转是困难的，但是当我们看到木星在 5 颗卫星的环绕下也在做同样的运动时就简单多了。同样，月球的相位不再是一个孤立的现象：伽利略发现水星也有相位，所以我们可以找出它们共同的原因——太阳。地球上有山脉是已知的，但月球上也有山脉，我们可以通过它们投射的影子辨认。在不同的环境下，我们看到了同样的现象，所以我们关于地球的经验可以用来推断所有已经发现的新世界中的情况。几年后，通过说明对全世界有效的普遍定律可以解释所有的观察，牛顿将为康帕内拉的想象辩护。我们没有针对不同星球或不同层面的不同自然定律：它们都一样。因此，事实上，它们都是同一个世界的一部分，我们又返回到同一个问题：存在其他的世界吗？如果没有，为什么这是唯一存在的呢？

弗里德·威廉·莱布尼茨（1646—1716）也许是尝试精确回答这一问题的唯一哲学家。他肯定同牛顿、斯宾诺莎（Spinoza）这样的巨人一样是当时最伟大的智慧人物之一。作为一位科学家，他作为微积分的发明者而被记住，虽然同牛顿有一场似乎是他赢了的关于优先权的争吵。现代数学家至今仍在使用他提出的概念和选择的符号。他哲学上的工作现在是通过他死后很久发生的争吵这个扭曲的棱镜来观察的，他主要是作为可笑思想的鼓吹者而被记住：我们正生活在所有可能的世界中最佳的那个里面。这的确是个大胆的言论，但莱布尼茨真正的意思绝非天真，而是值得关注的。

莱布尼茨首先从精确定义"可能的"世界入手。让我们从之前所描述的基本二元性开始；上帝同创造物间的对立或者主体与客体间的对立。存在上帝创造世界的多种方式，但他必须遵循一些逻辑原则，比如无矛盾原则："to be"意味着是某物，而且如果你是某物，你就不能同时也是他物。即使上帝也不能创造一个既是三角形又是圆形的东西。三角形就是三角形：它由连接三个点的三条直线组成。圆形就是圆形，它由距中心距离相等的所有点组成。三角形永远不可能是圆形，圆形也不可能是三角形。如果游离于数学领域外，这种清楚的分类也许不成立；它不是这么显而易见，比如人们不能同时既好又坏，既是成年人又是孩子。但莱布尼茨像笛卡儿的信徒那样思考，即他从一个完美定义的概念推导，没有歧义。无矛盾原则被简化成同义反复，一个对不依赖于任何经验内容的纯形式原因正确的逻辑论述。不论"S"表达的是什么，"S"和它的对立面不可能都是正确的：这就是逻辑的力量。

根据莱布尼茨的观点，这种力量甚至限制了上帝。存在的每一件事物必须满足无矛盾原则和同一性原则：无论 S 是什么，它必须是它本身。S 是 S。在莱布尼茨

图 4　弗里德·威廉·莱布尼茨（1646—1716）

的哲学里，存在只是一种检验无矛盾原则和同一性原则的方式。任何满足二者的概念都是"可能的"，上帝可以使其存在。但不是每一种可能都存在：这取决于上帝决定他将赋予哪些可能存在。在做这件事情时，他面临了一个超人类的问题，那就是以一致的方式选择：插入一系列新事物到世界上不仅需要这些事物自身内部无矛盾，还要求它同已存在的存在链相适应，所以它不会同已存在的事物相矛盾。用莱布尼茨的术语，世界由不仅自身"可能"并且同其他也"共同可能"的事物共存组成。但是，在变成存在的可能与没有变成存在的可能之间，除了这种神圣的选择外没有别的差别，这种选择是一种外在事件，并不会影响它们内在的本质。这可同上帝把一些人送上天堂，把一些人打入地狱相比较：这种结果可以理解成我们性格的逻辑结果，但这种结果不是我们性格的一部分。所有可能的事物在上帝的头脑中共存，用莱布尼茨的话说，那是"可能的现实的土壤"。①

　　每个这些可能的现实都完全符合同一性原则和无矛盾原则。比如，在上帝的头脑中经常浮现一个在 1998 年的夏天在芝加哥敲打这些文字的伊瓦尔·埃克朗（Ivar Ekeland），这一关于埃克朗的特别想法也包括很多其他事情：童年时的疾病、科学论文、爱琴海巡游。其实，就是非常详细的有关埃克朗从出生到死亡的全过程。我所拥有的生命也只不过是对那一特别想法的逐步展开，但它对于上帝的头脑来说就像圆的概念对我来说那么容易获得。有永远不存在的所有可能的埃克朗——晚一天出生的那个，去上学的路上被汽车碾过的那个，决定在挪威生活的那个。他们都在

————————

① 给阿尔诺的信，7 月 14 日，1686。

那儿，有无限多；每一个都可能叫埃克朗，但会做出同现在这个埃克朗的生活不同的事情。他们都呈现在上帝的头脑中，但上帝只赋予一个存在。

这种看待存在的方式为长期存在的宿命论问题提供了一个得体的回答：上帝是怎样创造我的，是怎样自由地创造我的？如果我下了地狱，我不应该责怪他没把我创造成一个好人吗？假如我谋杀了某人；因为任何事情都隐瞒不了上帝，他肯定提前就知道我要去犯罪。但如果是这样的话，我就不能自由地选择不犯罪了：我可以想象，在行动时，开不开枪取决于我，但我错了，这是很久之前就已经注定的事情。从一开始，我就要杀死那个人，这是注定的。就像俄狄浦斯（Oedipus），他从出生就注定要杀父娶母。我比他幸运，因为强加于我身上的罪行不如他的凶残，因为我从没得到过警示，而一位预言家告诉过他他的命运，他可以采取行动以避免悲剧的发生。如果我真的自由，在我真正扣动扳机之前，我还有别的选择。结果已经注定的事实证明了这个选择不是我做出的，我不应该为此承担责任。

这基本上是莱布尼茨在他的《神义论》中给出的例子。他把它同罗马故事中一个关于卢克雷蒂娅（Lucretia）遭强暴的故事联系起来，那个故事在当时非常有名，以至于莎士比亚（Shakespeare）把它作为了一篇叙事诗的主题。这个故事中的恶棍是一个叫塞克斯图·塔奎因（Sextus Tarquin）的人，他的行为导致了卢克雷蒂娅的死亡，卢克雷蒂娅因羞耻而自杀。为了报仇，她的家人成功地推翻了当政王，塞克斯图·塔奎因的父亲，那也代表罗马君主制的结束。所以，卢克雷蒂娅被强暴这样一件本身很邪恶的事情却在积极的方面改变了历史，用后来征服了全世界的更好的罗马共和国代替了残暴、腐朽的旧政权。这是单一行动可能产生混合结果的例子，可以辩称在那一个别事件中，好的方面超过了坏的方面。但是莱布尼茨关心的是塞克斯图·塔奎因。他为塞克斯图·塔奎因辩解，因为上帝提前知道罗马共和国将会出现，塞克斯图·塔奎因真的除了强暴卢克雷蒂娅外别无选择，他不应该承担罪过。然后，莱布尼茨又指出在那一刻，有很多个其他的塞克斯图·塔奎因出现在上帝的脑海中，大多数的塞克斯图·塔奎因在那会儿都会表现得体，虽然那不是他们的真实意愿。那个抱怨实现了真实意愿的塞克斯图·塔奎因像其他人一样，他的不幸在于他是上帝选择的要实现自由意愿的那个。他想强暴卢克雷蒂娅，上帝让他实现了。

所以每一种可能的现实，一旦上帝使它实现，都会显示出它的本质。它的生命会慢慢展开，而上帝一瞥就完成了对它整个生命的安排。上帝的头脑就像路易斯·博格斯（Luis Borges）在一个著名的故事[1]中描述的图书馆那样，拥有摆放在无限多书架上的无限多的书。每本书包括了一个可能的人的传记，比如说埃克朗，但我浏览时却对我毫无帮助，因为我不知道哪一个是或者将是真正的那个。我可以翻开其中一本书检验它所描述的直到今天已经发生的事情是否正确，对于记录的将

---

[1]《巴别图书馆》，小说，1944。

要发生的事情我没有线索。有许多其他的图书馆，每个图书馆中都包括了许多人的可能的生平。这些书上帝都读过了，他从每一图书馆选择一本书予以实现，而且需要保持所有这些生平相互间的一致性。

这的确是项任务。正如我们之前所说的，这些传记只有内部一致还不够，它们必须同描述一般事物时的其他选择相一致。如果两个传记遇到一起，对它们相遇的记录必须一致。还有其他的现实需要注意——植物、动物和事物——所有这些必须在无限多的可能中选择，并且所有这些必须同其他相符。整个世界被以一种连贯的方式创造，正如大家所知的，细节决定成败。在小说中，人们发现了很多这一类的尝试：比如，弗兰克·赫伯特（Frank Herbert）或托尔金（J.R.R.Tolkien）成功地创造了我们头脑中想象的世界，由于构造精心，所有的细节串成了一个整体。托尔金想象出了中土世界的整个历史和传说来支持哈比人的冒险，赫伯特花了更大的篇幅想象在没有水的星球上，如沙丘行星上将会发展起什么样的文化和技术。

如果我们可以把托尔金或赫伯特的思想推到极致的话，它不仅描述穴居矮人或人类，而且描述全部其他形式的生命和在这些特定世界里有效的自然法则，我们可以得到莱布尼茨所称的"可能的"世界的例子：一套完美的、一致的可能的现实。甚至在小说以外的领域存在很多这样可能的世界。比如，人们可以想象袭击珍珠港的事件从未发生，美国1941年没有参战。人们也可以想象进化采取了另外一条路线，恐龙幸存下来，并且至今仍是地球上的主要生物。最终，人们会思索在远离地球的，有山有水，也就是有海洋和陆地的星际空间里的行星上会产生什么样的生命。①

上帝为什么选择这一特定的世界存在呢？许多感受到这点的人发现了很多反对它运行的地方。让我们看一下莱布尼茨在《单子论》中的回答。他的理论可以用90条论点来作一个简要的说明，《单子论》是他出版的唯一一本哲学书。

53 现在，因为在他神圣的思想中有无限多可能的宇宙，而其中只有一个可以存在，所以上帝作决定时一定有充分的理由使他决定是这一个而不是另一个。

54 这个原因只能在适合中才能找到，也就是在这些世界包含的完美度中才能找到。每一个可能的世界按照它所拥有的完美程度都有权要求存在。

55 这是最佳可能的世界存在的原因。这个最佳可能的世界由上帝通过他的智慧发现，通过他的仁慈决定，通过他的能力实现。②

所以，事情是这样的：现存的世界之所以被选中是因为它是可能的世界中最好的一个。那么，怎样才是"最好的"？从第54条来看，它必须是最完美的。那什

① 星际空间中可维持生命的行星. *Nature*, 1999, 400: 32。

② Paul Schrecker 和 Anne Martin Schrecker 译《单子论和其他哲学著作》（*Indianapolis: Bobbs-Merrill*, 1965）。

么是完美呢？这是下面 3 条所要解释的：

56 所有创造物同它们中每一个创造物的联系以及它们对每一个创造物的适应和每一个创造物同所有其他创造物的联系和适应，导致了每一个创造物拥有可以表达所有其他创造物的关系。因此，每一个创造物都是宇宙永恒的活镜子。

57 就像同一座城市从不同方面看呈现出非常不同的样子，因此，由于视角的不同，城市的样子看起来增加了，所以简单物质的无限众多造成象有许多不同宇宙似的这种现象也有发生。但它们只是单一宇宙的不同方面，它们随着视角不同而变化，视角在每一单子中是不同的。

58 这是获得最大变化和最大可能秩序的方法；换句话说，这是获得尽可能完美的方法。

所以完美由两件事情组成：一方面是变化，即无穷丰富的自然现象；另一方面是秩序，即所有事情的内部联系和自然法则的基本简单性。莱布尼茨把变化和秩序看作一枚硬币的两面；在 1679 年写给马勒伯朗士的一封信中，他解释道："我们也必须说上帝创造了尽可能多的事物，他必须寻找简单法则的原因是他要安排尽可能多的共同适应的事物：如果使用其他法则，这就像用圆砖头盖房子，它们留下的空隙将和堵住的一样多。"无论这一思想多么好，怎样同时得到最大可能的变化和最大可能的秩序仍然不清楚：人们宁愿期待这两个标准之间会达成某种妥协。莱布尼茨没有继续研究这一观点，也没有去寻找建立某种最大限度的数量标准。他更倾向于定性的辩论，在宇宙的丰富和变化里寻找一种高于一切的和谐。

要理解莱布尼茨的世界，就想象组建一支管弦乐队。首先，必须有乐器和能够弹奏乐器的乐师；这些是等待成为现实的所有可能的现实。但是必须做一个选择：不是所有的都可以弹奏。就像乐器一样需要遵循一定的法则。要得到一个协调的声音，乐师必须学习一起演奏；所有个人选择被用来制造一个连贯的整体效果。每一个这样的乐队都是一个可能的世界，那现在难题来了：选择最优秀的那个，因为那是要成为现实的。设计评判乐队演奏的质量标准还是甚至将签订一个在任一特定时间可以决定哪支乐队是最好的一般协议都是不确定的。

当然，莱布尼茨在说这个世界是所有可能的世界中最好的一个的时候没有想到任何这么初步的东西。他头脑里没有一个数学公式。他也没有把人类幸福放到最重要的位置：几乎没有提到过。幸福可以从中扮演一个角色，这个角色不是必不可少的，甚至是不重要的，但是直到现在，它是宇宙和谐的一个组成部分。当然，这取决于幸福的组成：莱布尼茨属于认为幸福在于思索上帝在他的创造物中的奇妙表现的那一类哲学家，这肯定同大部分人类日常所关心的幸福相差甚远。总之，说这个世界是最佳可能的世界，并不一定意味着这是一个令人愉快的居住空间。实际上，因为它必须有尽可能大的变化和秩序，必须容纳极多不同生物在简单的法则下一起生存；这只能导致不可能对所有生物都有利的让步。

　　我们远离那个"只要结果好，一切都是好的"的粗糙哲学，这个哲学被错误地归因于莱布尼茨。我们也远离那个由笛卡儿和牛顿共同认为的宇宙的机械性概念。莱布尼茨没有把这个世界看做一台机器，他把它视为，用他自己的话讲，"一个长满植物的花园或装满鱼的水池。"他是一位自然主义者而其他人是工程师。他不像举起望远镜眺望星空，探索地球之上无限宇宙的伽利略；他像显微镜的发明者安东尼·范·吕文虎克（Antony van Leeuwenhoek）观察人类之下的无限宇宙，探索一滴水中所包含的世界。的确，让我们看看吕文虎克给罗伯特·胡克（Robert Hooke）的一封信（1676年）的内容吧：

　　这就像人们用肉眼看到的扭到一起的虫，所有的水由于这些极小的生物而有生命；在我在自然中发现的所有奇迹中，这是最奇妙的。

　　67 因此，事物的每个部分都可以被想象成种满植物的花园或养满鱼儿的水池。但植物的每一个分枝，动物的每一条腿，每一滴体液又是这样的一个花园或水池。

　　68 虽然花园植物间的土壤和空气或者水池鱼儿间的水即非植物也不是鱼，但这些空隙中又包含了植物和鱼。而这些生物总是微小到我们难以察觉。

　　69 所以宇宙中没有未开垦的、荒芜的或死的东西，没有混沌，混乱，虽然表面上是这样的。这同从远处看水池一样：你可能察觉到混乱的移动，鱼的蠕动而辨别不出任何一条鱼，我也可能这样。

　　这是莱布尼茨的哲学遗产。他死后50年，主要由于伏尔泰，它会同一个非常不同的哲学混合，莫培督的定量和机械形而上学，根据这一形而上学，"在寻常的生活中，恩典的总量超过不幸的总量。"这样一种哲学是怎样产生的，又是怎样同莱布尼茨的哲学相混合将是下一章的主题。

第三章　最小作用量原理

　　1633 年 6 月，伽利略被判刑。经过 6 个月的审讯后，宗教裁判所宣布他"因为严重涉嫌提出并传播异端邪说而被怀疑是异教徒；即，伽利略认为太阳是世界的中心，而且不是自东向西运动；地球运动并且不是世界的中心；当被调查并宣布同圣经教义相悖时，仍坚持并为之辩护。" 在审讯过程中，被告被毫无疑问地证明不仅仅满足于支持这些谬论；他还尽其所能在尽可能广的范围内传播其理论，比如通过使用本国语写作。正如判决中所说的："他不仅用外国人从没想到过的新武器支持哥白尼的观点，而且使用了意大利语这种最容易使无知的人靠拢到他身边的语言，在这些人中间，谬论会找到最富饶的土地。"

　　的确，对于一个基督教绅士来说，用拉丁文陈述观点不更明智和公正吗？用拉丁文会把影响限制在谨慎的、受过教育的、更加熟悉圣经和教父的人们之间，他们会发现潜伏在新思想中的危险，从而不容易被它们影响。审判继续否定伽利略的辩护，根据他的辩护，他只是提出了一个没有实际结果的数学理论："作者声称他讨论了一个数学假说，但是他却为它找到了现实基础，这是数学家通常从不涉猎的。"

　　这不是警告；这是判决。1633 年 6 月 22 日，身着悔罪者衣服的伽利略跪在神圣宗教法庭的红衣主教前发表了一段公开悔过："我用虔诚的心和真挚的信念宣布：我发誓放弃、诅咒和憎恨以上的谬论和异说，我发誓我将来无论在口头上还是在书面上，永远不再谈论或者宣称可能会导致我受到类似怀疑的事情，而且如果遇到某些异教徒或者有异教徒嫌疑的人，我将把他带到这里来。伽利略被判处终身监禁，先是被囚禁在锡耶纳，后来在佛罗伦萨附近阿切特里他的小屋。在那里伽利略一直待到 1642 年去世，那时他已经身体虚弱、双目失明。

　　这个突然的打击传遍了欧洲，一个生机勃勃的科学团体在那儿发展起来。在那个没有互联网的时代，信息由日常通信传递；像梅森这样的人，在欧洲有很多通讯人，他们起了信息转发器的作用，他们散播新闻，记录发展，发布待解决的问题。伽利略是这个圈里的杰出人物，他的发现广为人知，他的书被引用。他是第一个把望远镜指向夜空的人。他发现木星像地球一样有卫星，水星像月球一样有相位、像地球一样有山脉和海洋。他还发现天狼星的形状会从圆到椭圆变化；他的工具还不够精细到能够区分行星主体和光环。从古代传下来的书本里没有提到过这些事实，但是任何人只要把望远镜指向天空都可以确定它们，不用事先学习过拉丁文或希腊文。这是实验结果对书本知识的胜利；从那时起，科学研究开始向自然而不是向传统寻求答案，不断拓展知识边界的进步科学思想站住了脚跟。一个世纪前，马丁·路德把信徒从传统的束缚中解放出来，赋予他们自己阅读和理解教义的权力；伽利略教导人们通过自己的眼睛观察，从自然中而不是从古代哲学家的作品中寻找真理。此外，伽利略在政治界是位有影响的人物。他是教皇乌尔班八世（他所知道的马菲奥·巴贝里尼红衣主教）的朋友，教皇在多年的通信中表达了对伽利略科学工作的敬仰。伽利略曾经被威尼斯共和国，被佛罗伦萨公爵授予过荣誉，他曾把新发现的木星的卫星们献给公爵，这些星就是后来人们所知的美第奇星（Medicean stars）。他在天主教教廷也有有权有势的朋友，他们帮助他抵挡了多次反对他的企图。比如1616 年，即使当哥白尼的观点被谴责，书被禁止信奉的时候，他也只得到了个"完全放弃那个观点，不得以任何方式持有、辩护或讲授"的警告而得到开脱。

但是这次事情进展迅速。伽利略的《关于托勒密和哥白尼两大世界体系的对话》于 1632 年出版；佛罗伦萨的检察官下令禁止它的传播，10 月，伽利略被传唤到罗马。他于 1633 年 1 月出发，4 月 12 日开庭前出现，两个多月后的 6 月 22 日，他被判刑。这也是对其他人的一个教训。同年 11 月，笛卡儿得知伽利略的判决后立刻决定不出版他的巨著《世界或光的研究》。自从 5 年前在荷兰安顿下来后，他就致力于这本书的写作，现在已经可以送到出版商那里出版了。这是个暂时的决定，因为该论文是他哲学思想的核心，是使笛卡儿在科学和形而上学的成就看起来像一个构造很好的整体的中心。另外，经验夸大了笛卡儿的谨慎和通过模糊表达保护自己观点的自然倾向。从那时起，用他自己的话说，他将"戴着面具"前进。在乌尔姆的那个晚上的神秘热情已经消失，那个晚上"一种非凡科学的基础"展现在他面前。[1] 他的墓志铭上仍然雕刻着对那个最初冲动的回音：利用北部旅居[2]之便，把数学定律同自然神秘联系起来，足够大胆地希望人们可以用同一把钥匙开启两个秘密之门。

1637 年，笛卡儿决定再试一次。他匿名出版了一本包括 3 个短篇科学论文光学、气象学（大规模自然现象，如彩虹）和几何的书：《论世界》。还有一个同其他各部分分开的综合性介绍：著名的"方法论"，它成为哲学史上最重要的论文之一。笛卡儿在这本书中奠定了自己的哲学基础，描述了一种可能会"找到科学真理"的方法。效仿伽利略，这本书用法文而不是拉丁文写成。非常奇怪的是，"方法论"在当时并没引起很多关注，倒是科学论文引起了很多注意。笛卡儿当时的大多通信都是围绕它们的讨论和争论。

从那时起，《论世界》的四个部分被分别考虑。"方法论"不再被视为科学论文

---

① 1619 年 11 月 10 日，"Ut comedi, moniti ne in fronte appareat pudor, personam induunt, sic ego hoc mundi teatrum conscensurus, in quo hactenus spectator exstiti, larvatus prodeo." *Cogitationes Privatae*（1619），《笛卡儿全集》，C. Adam 和 P. Tannery 编 （Paris, 1897—1913），10: 213.4–6。

② 笛卡儿在荷兰度过了他大部分活跃时期，在瑞典去世。

的介绍而是成为哲学上独立存在的作品。"几何"通过联合算术和几何创立了一门新科学——数学。笛卡儿认为算术和几何研究的方向不同：算术和数、整数、分数打交道；几何同形状打交道，在平面上，如正方形、圆形，或者在空间上，像立方体、球面。笛卡儿想到用两个数代表平面上的每个点，用三个数代表空间中的每一点，这就是笛卡儿坐标。通过这种方法，每个关于图形的问题都可以转化成关于数字的问题，反之亦然，所以几何和算术被视为一枚硬币的两个面："几何"是关于现代数学的第一篇论文。同样地，"光学"和"气象学"组成了关于光的完整理论，笛卡儿用第一个原理证明了折线法则，从而用它解释彩虹。这些是物理学的作品，被单独阅读和理解，但是它们与数学和哲学的全部联系已经被遗忘了。

如果笛卡儿能如期出版他的《论世界》的话，这也许就不会发生了。他思想的一个本质部分就会因此而丧失，因为整体性是他思维方式的核心。他死后在他的文章中发现的一系列明显是个人使用的笔记中，他写道："所有科学，只不过是人类的智慧，这种人类智慧是保持同一的，无论它应用到的物理现实多么不同，这种智慧不会被这些物体改变就像太阳光不会被它所照亮的物体改变一样。① 当然，这种人类智慧只是上帝智慧的反映和领会他创造世界的法则的能力，其中主要是数学法则。在《论世界》的一个未发表的部分，他写道：我想警告你，除了我已解释过的三定律，我将只是假设数学家们通常从永恒真理得到的最确定地和最清楚地证明了的那些可靠的东西。除此之外，别无他物。根据这些真理，上帝已告诉我们他用数字、重量和度量安排了所有事物，我们的灵魂对这些知识非常熟悉以至于任何时候能够清楚地感觉到它们时，我们只能相信它们是可靠的，也不会怀疑如果上帝创造了其他若干个世界，每一个在各方面都会跟这个一样真实。用这种方式，任何足够警觉地检验这些真理和我们规则结果的人都将能够从它们的原因中找出结果，如果用学术的语言来表达的话，就是每一可在新世界产生的事物都有先验证据。换言之，自然法则就是上帝创造世界的法则；我们可以接近它们是因为它们是真实的，他实际上被它们约束到如下程度：如果他创造其他世界的话，这些法则仍然适用并且我们可以借助极少的实验用基本原理重建这些世界。

一个思索"物理科学中数学的不合理作用"的现代科学家可能赞同这些观点。但是现在我们知道世界上最好的证明也不比它的前提更有价值：每个科学理论都是短暂和暂时的，都在等待更好的理论，只有实验结果同它的预测相一致时才会被接受。另一方面，笛卡儿认为科学基于永恒的真理。因此，他不看好实验结果，他认为它们是倾向错误的（在他那个时代，这不是个被广泛接受的观点），不如良好的论证可信。他的观点是规范的科学，告诉自然应该做什么，不是实证的，调查它实际做了什么。

---

① 《思想的指导法则》，出版于 1701 年，但可能写于 1628 年；法则 1。

　　笛卡儿 1650 年去世后，他的思想由他的弟子继承，其中最著名的是克莱尔塞利埃（Claude Clerselier），他促成了《论世界》的最终出版。整个 17 世纪直到 18 世纪，笛卡儿学派致力于维护他们导师的思想，同牛顿物理学的兴起对抗。1662—1665 年同费马的争执和我们将要描述的莫培督 1736—1737 年的北部探测可被分别视为这次时间长、耗精力战争的开始和结束，最后以牛顿物理学的胜利结束。另一位伟大的物理学家惠更斯个人的进步正好为这一向实验科学的转变提供了很好的例证："当我第一次看到笛卡儿的《原理》① 时，我的印象是一切都好。当我遇到困难时，我认为是我的错误，是我不能完全理解他的观点。我当时只有十五六岁。但自从在那本书里发现了明显的错误和非常不对的内容，我开始重新思考我之前的立场，今天，在他的物理学、形而上学和气象学中，我几乎没发现可被称为正确的东西。"②

　　让我们现在打开笛卡儿的"光学"论文，这是 1637 年出版的那本书的一部分。在第一章中，我们被告知在同质的、透明的媒介中，光线叫做射线的直线传播。没有过多的关于光由粒子组成的内容，笛卡儿把光比作网球，当削球而不是往高处打的时候，球会以不同的角度弹回。③ 第二章讲折射。这是当光从空气中传到水中时，光线改变方向的现象，这是很多光学幻觉的原因。一根一端伸到水池的棍子，在水面上看起来似乎断了。不要试图在河岸上叉鱼：它不在它似乎在的那个地方。

　　笛卡儿把光从空气中传播到水中同经过表面在垂直方向加速，水平速度不受影响的网球相比较。从此处，他推导出了著名的"正弦定律"，$\sin i = n \sin r$，i 代表入射线角，r 代表露出水面的出射角，n 为加速因素，即光的传播速度在水中比在空气中快多少：

$$n = \frac{\text{水中光速}}{\text{空气中光速}}$$

数 n 被称为折射指数，被证明约为 1.33。

　　这个法则已于 1620 年由荷兰人威累布罗尔德·斯内尔（Willebrord Snell）发现，但是有趣的是笛卡儿真正证明了它。他的论点在数学和逻辑上正确，所以满足前提的话，得出光在入水后速度增加。那么我们面临一个事实问题：光在水中比在空气中传播得快吗？仅仅因为笛卡儿得出的结论而认为这是对的是错误的；许多正确的陈述是从错误的前提中得出的。这个问题直到 1850 年，两个世纪后，莱昂·傅科（Leon Foucault）和菲索（Hipppolyte Fizeau）测量光在水中的传播速度时才解决。同时，这只是观点问题，大部分人（包括牛顿）认为光像声一样在水中传播得比在

①《哲学原理》（1644）。

② 给皮埃尔·贝尔的信，1693 年 2 月 26 日。

③ 网球曾不是现在的样子，而是其祖先，法国长网球，它是笛卡儿时代流行的运动，如今仍存在。

空气中快。少数人不这样认为。这群人中最早的一个可能是皮埃尔·德·费马（Pierre de Fermat，1601—1665），另一位似乎是当时法国多产的另一位伟大的数学家。

费马是个非凡的天才。他是一位职业律师和图卢兹议会的成员，可以致力于科学研究的时间只是从非常繁忙的职业工作中挤出来的业余时间。在数学界，他由于标注于一篇希腊论文上的一些评语而出名，他在纸边上写的，因为没有空间，他就随处写证明。那些评语被认为是费马的"伟大的"或"最后的定理"，直到 1993 年才被安德鲁·怀尔斯（Andrew Wiles）证明。它需要 3 个世纪的数学发展解决它。我们不知道费马的证明是什么样的或者他认为他的证明是什么样的，但是他的直觉是对的。所以这是光速的问题。早在 1637 年，他同笛卡儿争论，随着岁月的流逝，他变得更加批判。1662 年，他写道："笛卡儿从来没有证明他的原理，因为对比不能作为证明的基础；另外，他粗糙地使用了他的东西，甚至认为光在穿过密度大的东西时比穿过密度小的东西时速度快，这似乎是错误的。"

光的反射问题比折射问题简单得多，它从古时候起就被人们所理解了"当光线触到反射面，如镜子，它会以相等的角度反射回来（但是是在平面的另一侧）。"1657 年，笛卡儿死后 7 年，费马收到一位叫马林·库若（Marin Cureau de la Chambre）的人的论文"关于光"，在这篇论文里，反射定律被陈述并从一个一般的原理推导

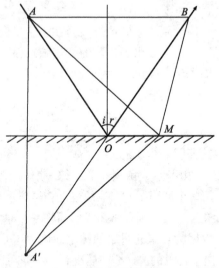

图 5　反射

当光线被平面镜反射时，入射角 i 等于出射角 r。亚历山大城的希罗注意到这蕴含了一个值得注意的物理性质：如果光从 A 传播到 B，那么它选择 A 与 B 之间最短的路线。他甚至给了一个数学证明。任取两点，其中入射光线上取点 A，出射光线上取点 B，记 A' 为 A 关于镜面的对称点，那么两条路线 AOB 和 $A'OB$ 有相同的长度，路线 AMB 和 $A'MB$ 也是如此，其中 M 是镜子上任意一点。由于 $A'OB$ 是一条直线，它一定比 $A'MB$ 短，那么 AOB 一定比 AMB 短。这证明反射点 O 的选择是为了使 AOB 是最短的可能路线。

出来。根据这个原理，"自然将永远选择最短的路线"，这意味着光会沿两个既定点之间可能最短的路线传播。库若的观点不是原创（他也没声称是），这可追溯到公元一二世纪的科学家和机械师，在亚历山大城的希罗（Hero of Alexandria）的大量作品中可以找到。这是一个漂亮的论点，基于对称，我们在这里重现它供读者欣赏。

费马回信感谢希罗的书。在信中，他陈述了自己对希罗一般原理的认同，并提出一个新问题：鉴于它对研究反射有作用，对研究折射会不会也有用呢？第一眼看起来不行：从 A 点到 B 点，最短的路是一条直线，但当光从空气中的 A 点到水中的 B 点时，不是沿直线走的。但是，费马写道，如果接受光在空气中比在水中传播得快的观点，从 A 到 B 的直接路线，即直线 AMB 将不是最快的。如图所示，把交叉点 M 向 O 稍微移动一下，移到 M' 将会增加光在空气中传播路程，但减少在水中的传播路程。可以确信在空中和水中传播的总长度将增加，如希罗论点所说，所以在空气中所花的时间将增加，在水中的时间将减少；但是鉴于速度不同，空气中减少的时间不会等同于在水中增加的时间，而且减少的时间少于得到的时间也不对。为了平衡，折线 $AM'B$ 将比直线 AMB 传播得快。事实上，光就像一位穿越陡峭山地的攀登者；如果 B 位于非常困难之处，进程缓慢，最好的办法就是尽可能

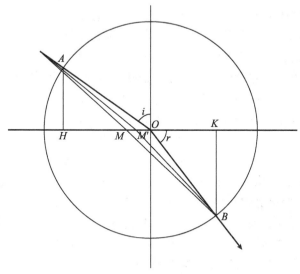

图 6　折射

水平线分开空气（上方）和水（下方）。从 A 到 B 的最短路线是直线 AMB，如果光在空气中和在水中传播得一样快，它将是最快的路线。由于光在空气中传播更快，实际上路线 $AM'B$ 更快。它花了更多的时间从 A 到 O，且花了更少的时间从 O 到 B；总体来说路线 $AM'B$ 比 AMB 更快，尽管它更长。费马证明光从 A 到 B 的最快可能路线是 AOB，其中入射角和出射角 i 和 r 满足斯内尔的法则 $\sin i = n \sin r$。

处于平坦处。比如攀登者可以设定 K 点这个离 B 最近的平坦区域，因此使在陡峭区域所花时间的总量最小化。但是 K 也许会离出发点 A 太远，因为攀登者可以通过设定某一中间目标 H' 获得时间。最好的折中办法是 O，这也正是费马所说的。

费马给库若的回信非常值得注意。这是数学建模最早期的成功之一。首先有一个物理准则的一般描述：从一点到另一点，光沿最快的（不一定是最短的）路线传播。这一准则后来被应用到一种新情况，折射，产生了一个数学问题：给定由 S 线分开的两点 A, B 和数值 n，在 S 线上找一点 M 使 $AM + n MB$ 的长度为尽可能最短。折射的物理问题和数学模型间通过数 n 联系，n 告诉我们光在空气中比在水中的传播速度快多少，所以费马实际是在寻找从 A 到 B 的最快路线。

虽然费马对库若的信陈述了问题也离解决问题很近了，但是没有真正解决问题。费马声称问题的解决将会精确地导出笛卡儿或斯内尔的正弦定律 $\sin i = n \sin r$，他大胆地宣布他将提供一个数学证明"我提前承诺我将找到任何时候你都喜欢的解决方法，我将得出结果，该结果可以坚实地支持建立我们观点的原理。首先，我推断垂直光线没有折断；在没有改变后来方向的情况下，光线在分界面折断；穿越密度小的媒介到密度高的媒介时，折线向垂直线靠近，反之，离垂直线越远。我将会简单地展示用这一观点精确地解释所有现象。"

5 年后的 1662 年，费马给出了他的结果；他在给库若的一封热情洋溢的信里给出了解决方案，从这封信中读者可以一窥数学家少有的喜悦："我工作的价值被证明是最广泛的、最意想不到的、最令人高兴的。的确，在演算了所有方程，做了乘法、对比和我的方法需要的其他运算后，最终解决了问题，在正如你在后附的纸上看到的一样，我已发现我的原则产生了和笛卡儿先生发现的折线相同的比例。我为这样一个出人意料的结果着迷以至于不能从惊讶中平静下来。我一遍遍演算我的代数计算，结果总是一致，即使我的证明认为光在密度小的媒介中的传播速度快于在密度大的媒介中的传播速度，我认为这非常正确和必然，虽然笛卡儿的想法与此相反。

这的确是个奇怪的情况：两个伟大的数学家，从直接矛盾的两个假设出发，结果却得出相同的结论。笛卡儿认为光在水中比在空气中的传播速度快，而费马则认为正好相反。他们都同意折线系数 n 的值，即 1.33，水/空气分界面，但他们对它的含义持不同的意见：对笛卡儿来说，那个数意味着光在水中的速度 1.33 倍于光在空气中的速度，费马认为正好倒过来。人们确信：他们之中只有一人正确。争论很快变成了争斗。在表面的客气下与费马进行锋利的交流，笛卡儿学派团结一致捍卫他们已逝的导师。他们的任务艰难：笛卡儿已经去世，而费马被认为是那个时代最好的数学家，毫无疑问，他解决了自己提出的问题：在由一平面分开的两种媒介中的两个点，假设在媒介一中比在媒介二中快 n 倍，寻找它们之间最快的（不是最短的）路。正弦定律给出解决方案。费马问题的实用性受到攻击，它是纯数学的，研究折线是物理现象。一位疲惫的旅者也许会采用代数计算来尝试算出回家的最快路线，这可以理解。但是光呢？它既没有意识也没有目的，不关心到达某一特定点有多快，即使知道也没理由偏向最快的路。费马断言的基础是什么呢？

1662 年 5 月，费马收到克莱尔塞利埃寄来的两封信，克莱尔塞利埃 15 年后将出版笛卡儿的《论世界》，他已经是笛卡儿学派的领袖。在这些信中，他表达了一系列对费马方法的反对，我们刚刚提到的那点就是其中之一。克莱尔塞利埃不是最善措辞的作家，他是这样写的：

> 你建立证明所依据的原则，即自然总以最短的和最简单的方式行动只是一个理想原则，而不是一个实际原则，它不是，也不可能成为任何自然结果的原因。它不是，是因为它不是按这个原则行动的，而是通过每一事物中蕴涵着的神秘力量和功效来实现；后者不是由那个原则决定的，而是由所含的力量和在那种力量发挥作用的所有物体来决定单个运动。这是不可能的，否则我们可以假想自然中的某些意识；并且本质上我们在这儿仅指世界上固有的那个规律和法则，和不用预先考虑、选择和下必要决心的行动。

克莱尔塞利埃说，自然没有意识。给自然添加任何目的意识，比如，假设自然致力于减少某种转化时间，不是一种科学解释，从这类推论得出的任何结论都应该取消。自然在没有预谋、没有选择的情况下行动，它不会向前瞻望，也从来不面临选择。它不会在一些可能性中选择要走的路，考虑远、近未来的后果；任何时候，它只发现一扇敞开的门，并且穿过那扇门。这就是克莱尔塞利埃通过"必要的决定"所要表达的意思：因为从来都不会有两扇敞开的、可以供选择的门，在穿过第一扇门时，整条路就已经决定了。整个故事已经完成，不能更改，你所能做的只是看它慢慢展开；如果你想知道更多关于未来的情况，你需要更多关于现在的信息。

目前，这种世界观被称为决定主义，克莱尔塞利埃已经很接近创造出这个词了。决定主义稍后将被牛顿的发现加强，而且在 20 世纪初量子物理学出现之前成为科学家中普遍的观点。根据量子物理学，自然有时面临选择并随机解决：当它遇到一些可能性时，它会抓阄。即使今天，这似乎是个奇怪的思想，我们对于世界的决定主义观点感到更舒服，爱因斯坦也从未放弃这一观点，正如他所说的"上帝不玩骰子。"

反对费马的观点认为自然不会提前思考，也不会作决定。克莱尔塞利埃不知道牛顿定律，他的好的科学的思想是基于笛卡儿的物理学，笛卡儿的物理学基于物体间互相作用只是通过直接接触：一切来自碰撞定律，大大小小的物体间无止境地相互碰撞。这是为什么当时有如此多的科学努力带着从碰撞前速度决定碰撞后速度的目的致力于研究当两个或多个物体碰撞时会发生什么。碰撞间的轨迹只会是直线；这是伽利略的惯性原理，是克莱尔塞利埃用来挑战费马的救兵："你认为的因为最快所以最短的路线是一条引起错误和迷失的路线，自然不会也不想遵循。因为正如在它所做的每一件事中被决定的一样，它通常做的是沿直线前进"。

这儿出现了另一个反对费马的观点：我们已经知道满足决定主义基本要求（不向前看，没有公开的选择）的伽利略惯性原理。所以从其他原理，比如光是沿最快路线传播的思想，得出这个结论是多余的，应该由奥坎姆剃刀割去。这第二个论点后来被用来解释莫培督的最小作用量原理，正如克莱尔塞利埃自己用它来解释费马的最少时间原理一样。比如，恩斯特·马赫（Ernst Mach）在他出版于 1883 年的伟大的《力学史》中说的："最小作用量原理和在它影响下力学中遇到的所有最小原则只是表达了：在每件事中，发生的正是在那个环境下所能发生的，也就是环境决定的，并且是唯一的决定。他把这一观点发展成一结论，即费马的原理，或它更影响深远的推广，比如莫培督的最小作用量原理，除了所有自然现象完全由它们发生时的环境决定这样一个一般事实外，别无它物。无论克莱尔塞利埃还是马赫都没给出这种贬低费马和莫培督原理的令人信服的证据，实际上，他们都错了，正如我们现在要说明的：最小原理并不是逻辑地从自然法则是确定的这一一般陈述得出的。它们包含另一类关于世界的信息。

当然，在给克莱尔塞利埃的回答中，费马没有提到两个半世纪以后才出现的问题；但是非常奇怪的是他的信传达了尼尔斯·玻尔（Niels Bohr）和阿尔伯特·爱因斯坦（Albert Einstein）关于量子物理基础的著名争论的味道。我们看看吧：

回到主要问题，在我看来，我经常跟德·拉·项布雷（De la Chambre）先生和你说，我不声称信任自然的神秘，也从没声称过信任。它有我从来没有试图洞察过的模糊、隐蔽的方式；在需要的情况下，我只是为折射问题提供了一些微小的几何帮助。但是，先生，因为你向我保证没有帮助它也可以正常进行，而且它满足于遵循笛卡儿先生描绘的路线，我真诚地放弃我对物理学的虚假征服，只要你承认我在几何上拥有我的问题，所有纯粹的和抽象的，因此人们可以找到穿过两种不同媒介的移动物体的路线，这种物体试图尽快结束它的运动。①

费马把一个数学问题（模型）同一个物理现象（折射）相联系。克莱尔塞利埃反对，他认为同模型联系没有合理意义：实际上事情不是那样的，光不可能有最快路线的愿望和计算最快路线的方法。费马回答道：光就像有那种渴望和方法一样，而数学问题可能不是对现实的某些更深层次发生问题的确切描述，做与实验相一致的预测就足够好了。所以，这个模型应该被作为科学家的工作工具，直到出现更好的模型，至于它为什么工作和它代表什么是应该留给哲学家去考虑的问题。

这是一种非常现代的立场，也正是玻尔用来反对爱因斯坦的：不用担心数学模型的意义，只要它逻辑上一致，可以解释观察。爱因斯坦声称上帝不玩骰子；玻尔回答道："我不知道；我正在说的是，使用量子力学和概率论，我可以做出非常精

---

① P. Tannery 和 C. Henry 编，《费马全集》（Paris: Gauther-Villars ET FILS, 1891–1894）。

确的预测"克莱尔塞利埃声称自然不会显示目的；费马答道："我不知道；我说的是，运用最小作用量原理和微积分，我可以解释光的折射。"费马和玻尔离莱布尼茨的观点不远，莱布尼茨认为上帝带着一种明确的目的创造世界，即，使它尽可能完美；这个目的一定存在于所有物理定律的中心，是它们隐匿的意义。有人也许甚至认为所有的物理学都可以从那一单一思想重新得到，真正的科学家应该致力于现实的那个核心；这是下一世纪，莫培督将会声称得到的。但费马的立场已坚定：科学不需要这个。看着那场争论发展下去也许会很迷人。不幸的是，费马于 3 年后的 1665 年去世了。笛卡儿主义者面临一个更可怕的对手：艾萨克·牛顿（Isaac Newton）。

即使在英国，牛顿的思想也没有立刻得到成功；法国，在笛卡儿门徒的影响下，在 50 年中保持坚定的反对阵营。在法国，反对笛卡儿物理学的斗争是反对笛卡儿哲学斗争的一部分，更广泛一点是反对旧秩序的一部分，旧制度将于 1789 年大革命时被彻底推翻。这场斗争的主要领导人是伏尔泰，他的令人吃惊的活动蔓延到文化生活的方方面面。1733 年，他用英语和法语出版了 24 篇《论英人书简》，其中包含了对牛顿物理学的充满热情的叙述。他多年的情人夏特莱侯爵夫人（the marquise du Chatelet）用法语很好地翻译了《原理》这本书，伏尔泰用诗为该书写了序言。

在巴黎科学院，争斗很快演变成一个具体的问题：地球的形状。自从一只麦哲伦船队 1520—1522 年从西班牙向西航行又回到西班牙，人们就知道地球是圆的。但它不是完美的圆。牛顿基于地球是已经凝固的液体球的观点，预测地球两极是扁平的，因为当它是流体时，旋转会使地球沿赤道凸起。卡西尼（Cassini），一位法国天文学家和忠诚的笛卡儿主义者，却认为相反：地球两极应加长，有点像柠檬。测量近极和近赤道的两条子午线弧可以解决这个问题。的确，子午线的一条弧是从中心看角度正好是 1 度的地球表面两点间的距离。如果地球是个完美的圆，全球测得的这个距离应该相同，应该等于 $P/360$。P 为球体大圆的周长。如果不是完美的圆，这个距离将取决于测量地点：如果牛顿是正确的，近极点处应小于近赤道处，如卡西尼正确，近极点处应大于近赤道处。

最终，这个问题被视为笛卡儿物理学和牛顿物理学的试金石，所以科学院决定派两支探测队去测量子午线的弧，一队到北极附近，一队到赤道附近。1736 年两支科考队出发了，一队去秘鲁，一队去拉普兰。后一支队伍由 38 岁的数学家莫培督带领，他于 1732 年写了一篇关于重力的杰出论文。他是那个不乏非凡人物的时代最值得关注的人物之一。秘鲁探测团用了 10 年时间，但莫培督在出发 16 个月后的 1737 年就已经返回。用他带回的测量数据同巴黎纬度的子午线弧长相比较说明牛顿是正确的。这使莫培督一夜之间成为英雄。

图 7 皮埃尔·莫培督（1698—1759）

在这张肖像中，莫培督被描绘成用他的右手使地球变平，这是他 1736—1737 年著名北部探测的写照。
底部还有一只驯鹿正拉着雪橇，这是莫培督生动描述过的他返回法国时的众多冒险之一。

　　陪伴他远征的法特·欧希尔（Father Outhier）写了一篇关于探测队的文章。他
讲了很多他们在北部遇到的困难，被蚊蝇大块朵颐，用绑在脚上的奇怪木板在雪上
滑行，用棍子推动自己前进，不断摔倒，不能站立。他的书中配了一幅插图："为
了不陷进雪里，一位拉普兰人用脚上捆着的松木板和一根末端是圆形的棍子在雪上
行走。"为了描写得真实，莫培督带回了一副雪橇，这在法国第一次见到。两个拉
普兰本地姑娘也随他们来了，她们在巴黎获得了成功，最终她们在那儿找到了配偶
并安顿下来。莫培督变得非常受欢迎，1745 年，普鲁士的哲学家式的国王腓特烈
大帝（Frederick）请他到柏林主持刚成立的科学院。他在那一职位上一直工作到

1759 年去世。他针对从数学到物理学到生物学的许多不同主题开展了科学活动。比如，我们应该注意到莫培督是第一个声称动物和植物物种不是不可改变的人。在他奇怪的命名为《维纳斯的躯体》和《白色黑人》的书中，他提出人口发展源于外部环境和长时间的小变化的积累。当然，他没有带来支持这些革命性思想的严肃证据，但是他在那个别人都认为大象从世界之初就存在的时代提出这样的观点还是不简单的。

　　莫培督的一生充满了传奇，充满了令人钦佩的成就。他的确在世界上留下烙印，应该被视为法国启蒙运动的一位领袖人物。不幸的是，他在巴黎时陷入了与伏尔泰的冲突。在巴黎文学界，在著名的沙龙里，文人永远相互争论，刻薄的言论重于一切，那不是发展友谊的地方。当时文化界的所有领袖人物都相互争执，伏尔泰反对罗素，达朗贝尔（d'Alembert）反对笛卡儿；而莫培督受到了伏尔泰的特别敌意，这种敌意时而有所缓和，但总是随时准备浮出水面。当莫培督从北方探险回来，全巴黎都在颂扬他的功绩时，伏尔泰用这些诗句也加入了这个行列：

　　　　你去遥远、孤独的地方
　　　　求证牛顿总是不离开办公桌就知道的事情。

　　真正的天才待在家里，而次要的人跑到拉普兰，这不是句赞美的话。后来，事情变得更糟。伏尔泰同普鲁士的腓特烈二世通信了很长时间，最终他接受国王的邀请加入他在波茨坦的宫廷。几年后他们的关系变臭了，伏尔泰在耻辱中逃离了普鲁士，伴随他的还有对莫培督永远的恨，莫培督作为柏林科学院的主席，代表腓特烈所有的狡诈和虚伪。从那时起，讽刺莫培督成了报复国王的一种方式，他没有错过任何一个机会。比如，1753 年，7 年战争期间，莫培督当时抗击奥地利人，他被奥地利人捕获，被送到维也纳，后来因为被认为是科学家而被释放——这不是一段丢人的插曲。伏尔泰是这样描述的："他被一些摩拉维亚农民抓住，他们鞭打他赤裸的身体，翻遍他的口袋，只找到 50 多个定理。"

　　关于这些此时不再多说。让我们回到莫培督本人。在他许多科学兴趣中，牛顿力学是最突出的。比如，1732 年，他出版了一本关于万有引力定律的科学论文集，这当然对于他被指定为拉普兰探测队的领袖非常关键。1744 年，动身向柏林出发前，他在巴黎出版了另一篇论文"论几个到如今似乎不和谐的的自然定律间的一致性"。在这个宏大的标题下，莫培督继笛卡儿和费马后，重新提出了折射现象，他抛弃了两位前辈的观点，第一位因把光线比作实体的球而犯错，第二位由于认为光在空气中的传播速度比在水中的传播速度快而犯错，他提出了他的解释："经过对这一问题的深刻思考，我得出结论，光穿过一种介质到另一种介质时，既然它放弃了最短的路线——直线，也可以放弃最快的路线：时间和空间哪个优先？既然光不能同时选择最短的和最快的路线，那么它为什么会选择这条路而不是另一条呢？所以它哪条都不选择：它选择一条具有真正好处的路线：它走的路线作用量最小。"

请注意，莫培督那令人发怒的傲慢没有使他在同辈中变得受欢迎。他继续解释他所说的作用或作用量的意思。这的确有些困难，因为这个词有一个立刻跳入脑海的与莫培督所想的意思毫不相干的意思："当一物体从一点移到另一点时需要作用：这个作用依赖物体移动的速度，运行的距离，二者缺一不可。速度越快，距离越长，作用量越大：它同运行的距离成正比，随运行速度的增加而增加。"

换言之，如果一个物体从 A 点到 B 点以匀速沿直线传播，这一运动的作用量为 mvl，在这儿 m 表示物体质量，v 表示速度，l 表示 A 和 B 之间的距离。如果从 A 到 B 的路线不再是一条直线，而是折断的，由以匀速运行的直线段组成，每一部分的作用量必须用前面的公式计算，必须相加才能得到从 A 到 B 的总作用量。莫培督说明折线的正弦公式从如下公式得来：设折线指数为 n，代表光在水中比在空气中快 n 倍，寻找从空气中 A 点到水中 B 点最小作用的路线，得出公式 $\sin i = n \sin r$，莫培督总结道"这个作用量是自然真正消耗的，同时是它在光的传播过程尽可能节约的。"

在莫培督所批判的观点中，费马的观点是正确的：光在空气中比在水中的传播速度快。虽然莫培督作了错误的假设却得到了正弦定律，那是因为他之前的错误不但没有使他错上加错，反而抵消了他的第二个错误。换言之，他的物理学是错上加错，但幸运的是它产生了正确的数学答案。按笛卡儿的思想，莫培督认为光由大量粒子组成，当它们进入水中后会加速。但是如果它们的速度改变，它们的能量也必须改变。一个世纪以后，雅可比将证明莫培督的最小作用量原理只有在运动中能量不变的情况下才成立（所谓的保守系统），所以莫培督把他的原理应用到光的折射是不合理的。最终的结果正确只是侥幸。

如果不是他的作者给出一个不仅可应用到光，而且可应用到所有力学问题的一般最小原理，关于 1744 年的论文就没有更多可说的了。实际上，莫培督的结束语是这样的："折射的所有现象现在同自然在产生效力时总是根据最简单的方式运行是一致的。"第二年，莫培督在柏林出版了一篇新的研究论文，"从形而上学原理推导运动和静止定律"。用莫培督的话说，这就是"引起自然中任何变化所必需的作用量通常是尽可能小的一般原理，因此被称作最小作用量原理。作为一个例子，莫培督从这个原理导出弹性碰撞的两个物体的运动。同时，伟大的欧拉出版了一本拉丁文书，名为《发现最大化或最小化曲线的方法》，附录中他得到最小作用量原理的更多推论。

莫培督把数学的部分留给了更好的人选，自己增加了形而上学的部分，并且更深入地研究了他的发现。1752 年，他出版了《论宇宙》，在这本书中，他谦虚地写道："经过这么多伟大人物对这个问题的研究，我几乎不敢声明我发现了构成所有运动定律的原理，这一原理可以应用到刚体，也可以应用到弹性物体，所有有形的物体的运动都遵循它……我们的原理更多地同我们对事情持有的观点一致，使世界处于造物者能力的自然需要之中，并且自然地遵循那一能力的使用……思索这些如此美丽和简单并且可能是造物者和管理者用来维持这个可见世界所有现象的唯一法则是多么令人精神愉快呀！他把最小作用量原理视为上帝赋予他的创造物的记号，通过纯科学手段发现它的任务落到莫培督身上。现在，上帝在自然中的操作在人类眼前清晰了：他总是尽可能少地消耗那个神秘的量 mlv。这是对上帝的目的，因此也是对存在造物者的不容置疑的证明。所有发现物理学规律总是致力于尽可能少地消耗数学燃料的人必须承认这些规律一定不是源于偶然，而应归于设计。

除了使它更好，上帝在世界上还可能有什么设计呢？由最小作用量原理统治的现实世界一定是最好的，那么作用量也一定表示好的数量（或坏的数量，因为上帝要使它尽可能小）。仍然用莫培督 1752 年的那本书中的话说，"如果人们知道运动法则在'更好'的原则上被发现，将没人怀疑这是因为全能的、智慧的上帝可能给予物体相互作用的能力或者使用一些我们不知道的其他方式。"实际上，他声称了他自己的一个完全统一，物理学同形而上学甚至同道德的统一。在后来的工作中，他声称一个确定的好的（或坏的）量被赋予了我们的行动，上帝已经通过增加好的量，减少坏的量来管理世界了，以达到最大可能的平衡。① 换言之，这是最佳可能的世界。从那时起，由于伏尔泰的才华，莫培督被作为潘格罗斯博士而记住了，潘格罗斯博士是小说《老实人》中不可救药的乐观主义者，他设法在大灾难的后果中寻找微小证据强调他认为的好的事情总是超过坏的事情这一坚定的信念。

伏尔泰做了这些事情。莫培督作为柏林科学院的主席拥有强大的地位，并且知道怎么运用它。但是莫培督涉入一个关于优先权的争吵时，机会来了。1751 年 3 月，莫培督的一个老相识，荷兰一位叫科尼格（Koenig）的教授在著名的杂志《学术纪事（Acta Eruditorum）》上发表了一则对最小作用量原理的评论。在这篇文章里，他提到了莱布尼茨 1707 年所写的一封信。信的一份复印件是这篇论文的附录。信的内容是这样的：作用量不像你所想象的那样，它应该作为距离、时间和质量的乘积。我注意到由于运动的修正，它通常变成最大或最小。人们可以从那得到一些重要的结果；它有助于决定受一个或几个其他物体吸引的物体的运动轨线。

这看起来像是莱布尼茨在莫培督之前发现了最小作用量原理的证据。它本身没有减少莫培督的功劳，接下来的话更说明如此，莱布尼茨的信（或科尼格的复印件）继续解释说他放弃了研究力学，因为他的观点不被接受。莫培督无疑是在科学领域引入最小作用量原理的人，他做了莱布尼茨只是粗略描述过的数学工作。科学发现

①《论道德哲学》（1741）。

不止是陈述观点而让别人检验观点的正确与否。万有引力定律归功于牛顿，但是他不是第一个提出此问题的人：罗伯特·胡克（Robert Hooke）比他早。另一方面，牛顿肯定是第一个说明开普勒三定律都是数学结果的人。在《原理》的参考文献里没提到胡克，但即使牛顿从别人那儿见到的反平方定律，还有非常多其他的观点等待选择。牛顿的功绩是选择了正确的一个，并且通过大量的数学技巧和物理眼光从中得到了宝贵的结果。

鉴于莱布尼茨并没把那一观点发展成最小作用量原理，并且甚至没有发表它。莫培督可以对这件事不予理会，况且，科尼格的评论也远非激进。然而，他不明智地选择控告科尼格造假，并且搬出了柏林科学院来帮忙。受到要拿出莱布尼茨信件原件的挑战，科尼格声称他在一位叫海因茨（Henzi）的朋友家见过，不幸的是，那位朋友已于 1749 年在伯尔尼被砍头。在海因茨的论文中没有找到莱布尼茨的信，所以 1753 年 4 月 13 日，科学院表决"这一片段是伪造的，或者是为了诽谤莫培督或者是为了通过虔诚的捏造来夸大伟大的莱布尼茨应得的功劳。"在这儿需要注意的一点是莱布尼茨信件的另一个复印件在 1915 年被发现，所以今天对于它的真实性仍存疑问。毫无疑问，科尼格接受了挑战：他在同年 9 月发表了《向公众呼吁》。从那以后，伏尔泰加入了这场冲突。他的《阿加基亚医生和圣马洛本地人的故事》是一组反对莫培督的宣传册的合集，主题是近年来以可敬的柏林科学院院长名义发表的大量无聊的作品，这件事不可能是真的：它们一定是一位年轻模仿者的作品，伏尔泰会慢慢解开这个人的面纱。

开头的几行奠定了基调："圣马洛①本地人早就染上了一种慢性疾病，有人把这种病称为追名逐利，也有人把它称为喜好权力。"他病得很重，他写文章攻击医药和上帝存在的证明。他有时幻想自己在地球的中心挖了个洞，有时又想象建了一座拉丁城。他甚至通过解剖猴子得到了灵魂运作方式的启示。他最后达到认为他比前一世纪的某个巨人莱布尼茨更伟大，虽然他还没有 5 英尺高。"②当然，所有这些的言外之意都暗指莫培督。后来，这位模仿者被一个智慧的教授委员会批判，他们认为："看来这位年轻的作者得到了莱布尼茨一半的思想；但是显然他从来没有掌握莱布尼茨的全部思想"——这无疑是由于缺乏能力。还有一个无名学院的"值得纪念的会议"，主席试图通过一头骡子和一只孔雀的联姻和使小麦自然发芽变为鱼类罐装食品供女人食用来支持他的生物学观点。最后，这位年轻的模仿者请求原谅：我们请求上帝饶恕我们声称除了 $A + B$ 除以 Z 外没有关于上帝存在的其他证明，我们恳求大度的审判官在这件事上不要判得太严厉，因为对于这件事他也不比我们

---

① 莫培督出生于圣玛洛，布列塔尼半岛的北海岸。
② 伏尔泰. 阿加基亚医生和圣马洛本地人的故事. Paris: A.G.Nizet, 1967。

了解得更多。"① 关于莫培督最小作用量原理显示了上帝之手在自然界的工作这一观点就介绍到此。

伏尔泰的小册子迅速获得了成功，莫培督在整个欧洲受到嘲讽。他 1759 年在巴塞尔落魄地去世。最后的一击来自他去世以后：伏尔泰的杰作《老实人》是一部至今仍被人们阅读的讽刺哲学乐观主义的作品。其中莫培督作为潘格罗斯重生，他声称，"在最佳可能的世界里，只要结果好，一切都好。"他不断地遭受灾难。美丽的城堡被摧毁了，在那里他被通德尔-腾-特龙克（Thunder-ten-tronckh）男爵按哲学教授规格款待过，他的资助人被杀害了。他在欧洲旅行，他在那里见证了战争和奴役的恐怖。1755 年 11 月 1 日，里斯本发生地震时，他正好在那里。那场地震摧毁了城市，夺去了 4 万人民的生命。这些都无法治疗潘格罗斯无药可救的乐观主义。在小说的末尾，他在花园中沉思，他总结到如果所有这些没有发生，他将不会坐在阴凉下吃开心果。这几乎不是一个对莫培督科学和哲学的公平评价。

但是，在科学界，生活继续，莫培督的原理接受详细的审查。它声称在所有可能的运动中，自然选择了拥有最小作用量的那个。这看起来像个简单的观点，但是它并不是。它提出了几个问题。第一个是如何准确地定义作用量，我们已看到莫培督是怎样回答的了。但还有其他问题："可能的"运动是什么意思？因为它们没有发生，我们怎样把它们同我们可以观察到的唯一的实际运动做比较呢？"不可能的运动"是什么意思？实际上，情况如此微妙，一个世纪后，雅可比（1804—1851）在他著名的《动力学讲义》中将宣布"这一理论在所有论著中都被提到，甚至在最好的论著中，如在泊松（Poisson）、拉格朗日和拉普拉斯的论著中也被提到，而依我之见，这不可理解。"欧拉、拉格朗日、哈密顿，最后是雅可比自己把莫培督的思想明确表达成准确可行的方式。

伟大的欧拉，数学王子，是上面清单中的第一位。在他 1744 年一本书的附录中，把最小作用量原理应用到几个有趣的例子中，如重物的自由下落或是于固定中心点受吸引的物体运动。为了这一目的，他向数学中引入了新的思想和方法，因此创立了一个叫做变分法的新领域，这一领域从此以后非常活跃。另外，欧拉扩展了莫培督对作用量的定义，莫培督的定义仅限于匀速线性运动，欧拉把它扩展到更一般的情况，即物体沿曲线变速运动。用欧拉的定义，作用量适用于伽利略力学和牛顿物理学的任一运动。实际上，欧拉的定义如此综合，他得到的结果如此惊人，如果他没有明智地退掉这一荣誉的话，他可能已经被认为是最小作用量原理的发现者。在莫培督同科尼格的那场争论中，欧拉站在莫培督的一边；1753 年，他发表了"关于最小作用量原理的专题论文"。在这篇论文中，他反驳科尼格的批评，绝对

---

① 伏尔泰. 阿加基亚医生和圣马洛本地人的故事. Paris: A.G.Nizet, 1967。

把优先权给了莫培督:"我在此时将不评论我对天体运动和更一般的在由中心受吸引的所有物体中运动的观察,如果任何时刻用物体通过的距离和速度乘以质量,所有这些得出的总和总是尽可能小。鉴于这一观察出现在莫培督刚刚公布他的原理之后,它不失其新奇性。"

"欧拉,一个真正的伟人,使最小作用量原理继续保持它的原名,莫培督继续保持他的发现最小作用量原理的荣誉,但是把它变成了一个新的、现实的、有用的理论。"马赫在他的《力学史》中这样总结欧拉的贡献①。1754年,一个叫拉格朗日的年轻数学家受到欧拉工作的启发,发现了解决变分问题的一般方法。他方法的中心是一个系统方程,现在被称为欧拉–拉格朗日方程,1756年,他说明了所有的伽利略力学怎样通过简单应用他的一般方法从最小作用量原理中得出。用拉格朗日的话说,原理是"解决所有可以想到的动力学问题的简单的一般的方法,或至少是写出相应的方程。"② 如果不知道这样的原理,"人们总要一个特别的手段去解开每一问题中需要考虑的力,这使这些问题变得令人兴奋和具有竞争力。"另一方面,一旦知道了这样一个原理,比如最小作用量原理就行了,解决问题就不需要创造性和独创性了:人们所需要做的只是应用标准方法,知道一般原理。兴奋和竞争力可能从这一领域消失,但是现在它是对所有人开放的,可以更有效地解决问题;研究人员给机械师让路了。拉格朗日之后,解决力学问题,即寻找描述刚体或一系列粒子运动的方程将不再需要伽利略或费马的天才了;仅仅成了学习和理解欧拉–拉格朗日方程的事情。这是科学进步的本质。

正如马赫所说,"科学本身可被理解为最小化问题,由使用最少智力消耗来尽可能完美解释事实组成。"拉格朗日在他首次发表于1788年的具有划时代意义的论文"分析力学"中总结了半个世纪的工作,在这本书的引言中,他自豪地宣称:"在这本书中找不到一幅图。我所说明的方法既不需要作图,也不需要几何或力学的论证,仅仅需要有序的、统一的代数运算。喜欢微积分学的人将会高兴地看到力学成了微积分学的一个分支,并且将感谢我拓展了它的领域。"从这一声明中,人们可以看出力学达到的成熟度:不再需要想象人们研究的物理系统了;人们可以直接写出运动方程。

拉格朗日关于力学是写出系统方程并解方程的观点直到19世纪末,庞加莱把几何引入力学的研究前一直处于主导地位。直到那时,拉格朗日的《分析力学》仍是基本的参考书,它在教学和研究中的影响非常广泛。此书的第一部分致力于理解力学的四个原理,其中包括最小作用量原理,拉格朗日基本按欧拉那样解说的。但

　　① 马赫. *Die Mechanik in ihrer Entwicklung historisch dargestellt*. Leipzig: Brockhaus, 1883; 由 Thomas J. McCormick 翻译成英文. 力学及其发展的批判历史概论. Open Court, 1893。

　　② 分析力学. 1788, 179。

是由于我们将提到的原因，他将在其他论文中不使用这一原理，而是更喜欢依靠力学的其他原理。因此，他在描写最小作用量原理时非常粗略，给读者留下了未解的疑惑和模糊。比如与现实的运动相比较的"可能的"运动是什么或者在这些非现实的运动中，作用量如何计算。最小作用量原理说在所有可能的运动中，只有一个将真实发生，即产生最小作用量的那个，但对这一陈述给出准确的数学意义却不像看起来那么简单。实际上，人们必须等哈密顿和雅可比来得到一个完全满意的叙述。

　　最小作用量原理的现代陈述是公式化的，不是在运动发生的标准的三维或二维空间，而是在所谓的相空间，这是哈密顿的主要发现。基本的思想是不仅记录每时每刻考察的运动物体或系统的位置，还包括它的速度。位置和速度随时间的变化描绘了一条不再是在标准空间中只考虑位置的路线，而是在有两倍维度的相空间中，这应该是采取最小作用量原理时需要考虑的路线。在随后的章节中，我将给出细节

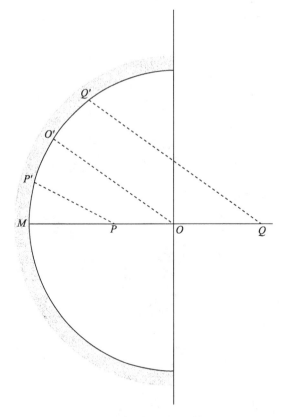

图 8　球面镜上的反射

经验表明穿过 O 点的入射光线撞到镜子上 M 点后会沿水平轴弹回，即沿 MO 返回。确实，PMP 是从 P 到 P 的最短路线（比如，短于 $PP'P$）。然而，QMQ 不是从 Q 到 Q 的最短路线：比如 $QQ'Q$ 就更短。这与希罗（和费马）所说的从一点到另一点光总是选择最短路线的断言相矛盾。

和例子；在这一点上可以说，由于引入相空间，哈密顿和雅可比为最小作用量原理找到了正确的数学框架。并且他们还发现得更多，即这个原理被错误地命名了：作用量不是尽可能地小（最小化）或尽可能地大（最大化）；而是稳定。

很早以前，就有人指出作用量不总是最小的。比如，1752 年，一位叫做谢瓦利埃·达西（Chevalier d'Arcy）的人向巴黎科学院递交了一份研究报告，在这份报告中，他研究了球形凹面镜的反射。让我们用 P 表示光的发出点，O 表示球心。达西说明只有 P 比 O 离镜更近时，最小作用量原理才成立；如果远于 O，从 P 处射

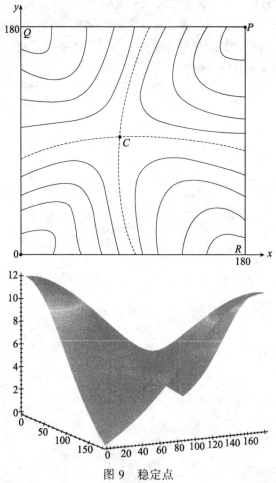

图 9　稳定点

这个立体图给出了关于两个变量 x 和 y 的函数的图像。它有两个尖点（左边和右边），在它们之间有一个山路点分开两个山谷（一个在该点前方，一个在该点后面）。这个山路点位于函数的一个稳定点 C 处。图的另一部分给出了水平线（相同高度的点），它们会出现在该区域的地理图上。它们向位于 Q 和 R 的两个尖点升高，向位于 O 和 P 的两个山谷的方向下降。在稳定点 C 处，两条水平线相交，线上描出的所有点都位于相同的高度。

出并垂直照到镜面的光线不是从 P 返回 P 最短的。非常奇怪的是，不仅莫培督，欧拉和拉格朗日也都忽视了这个例子而终生认为现实运动总是所有可能运动中最小化作用量的那个。哈密顿是第一个正确分析了情况并声明作用量实际上是稳定的人。

稳定路线的概念真正属于数学。这正如网球拍上的"甜区"（球拍上的最佳击球区）：不容易被发现，但对于选手来说非常清楚。这意味着，首先人们应该把实际运动或相空间中相应的路线仅仅同临近的路线相比较，实际上是同尽可能近的，甚至更近的路线相比较。其次，作用量将对所采用的路线的变化不敏感：运动的小变化将引起作用量相应更小的变化。这种情况同分开两座山峰和两条山谷的山路点相似。山峰同最大值相对应，是海拔最高的点，但山路点同稳定点相对应。从一个数学家的角度看，人们应该想象弥漫的浓雾，所以人们不能看到比自己脚尖更远的地方；由于地面是水平的，山路点是可识别的。在任一其他点，有明显的斜坡，水会流下去，但在稳定点水会处于一种不稳定的平衡状态，不知道往哪流。那一情形的几何抽象是马鞍：稳定点是人们唯一可以垂直坐着的点。它不是顶点（最高点），也不是底点（最低点），而是马鞍面水平的那点。在任一不稳定点，马鞍朝一定方向倾斜。稳定点上没有倾斜：正放到那一点的石块会停在那。

注意山峰或湖泊拥有相同的性质：山峰的顶点和湖泊的底部的地面都是水平的。所以最大或最小都是稳定点的特殊情况；如前面的例子指出的，除了这两个外，还有其他种类的稳定点。一般稳定点不容易看出最大还是最小。这也许是莫培督，欧拉和拉格朗日忽视它们并且没有怀疑力学法则将会最小化作用量的原因。在雅可比 1842—1843 年的《动力学的讲义》中，他说"当陈述最小作用量原理时……通常声称"作用量"一定是最小或最大而不是说是稳定的。现在这一问题如此普遍以至于几乎不能攻击这些犯错误的人。"然后，他又继续给出作用量不是最小化的另一个例子：球面上无障碍（或重力）影响下物体的运动。如果最小作用量原理是正确的，运动将总是使物体通过最短路线从一点到另一点。但是运动容易算出来：轨迹是球面上的一个大圆，运动体绕该大圆绕圈。当然，一旦绕球面多次后，它就不再选择最短路线：所有的圈都是多余的，只是徒劳地增加经过的距离。

在数学上发现前辈的错误，尤其是有欧拉或拉格朗日参与的是难得的乐趣，雅可比就真的遇到了：

关于最短路线问题，在拉格朗日和泊松中甚至有人发现了显著的替代物。拉格朗日正确地指出作用量永远不会是最大的，因为无论在特定表面上画定多长的曲线，总是可以画出更长的；他总结这个量必须总是最小的。另一方面，泊松知道在一定情况下①，当运动发生于闭合表面并且作用量变得太大时，它的值将不再是最小的，泊松总结道："在这样的情况下，它是最大的"。两种结论都是错误的。事实

---

① 我们刚讨论过的球面的情形。

上……作用量永远不可能是最大的，它可能最小或者既不最大也不最小。 ①

自莫培督的第一份研究报告后一个世纪，我们终于有了关于最小作用量原理的一个完全正确和综合的论述。不幸的是，数学的准确性以直觉的损失为代价换得。路线不得不在相空间中标出，而不是在运动实际发生的二维或三维空间中标出，作用量通过复杂的数学公式来计算。更重要的是，它不再是最小值：实际运动不总是使作用量尽可能小；它们只是使它稳定，这是数学的另一个微妙之处。我们已远离了莫培督认为上帝节约他运转世界的作用量的简单想法。

欧拉也持有这一观点。他在1744年的书中写道："因为宇宙的构造是完美的，并且由全能的上帝完成，世界上绝对没有什么事情不能被最大化或最小化的论证解释；这就是为什么毫无疑问地世界上可观察到的所有结果都可以使用最大化和最小化的方法，用终极因解释同用有效因解释一定可以取得同样成功的原因。" ② 欧拉要表达的意思是可以从上帝想使消耗在运转世界和得到结果上的作用量最小这一思想开始教授力学和物理学。当时的另一位伟大的科学家，写了重要的《动力学论文》（1758）的达朗贝尔持相反的观点：

对我来说，这应该有助于我们评价几个哲学家以终极因原则就运动法则给出的证明，即上帝在建立这些法则时是有目的的。这些论证不能令人信服除非它们依赖于更接近我们理解的原理得到的直接论证；否则，它们会经常把我们引入错误。这是因为他们沿着那一方向，因为他们认为保持宇宙中固定的作用量是上帝智慧的一部分。笛卡儿得到的碰撞定律是错误的。这些模仿他的人确实会有与他犯同样错误的危险，或把某些仅发生于特定情况下的结论说成是一般原理，或者最后把自然的一个基本法则认为仅仅是几个公式的纯数学推论。

年轻科学家的基本生存法则之一是避免争论。拉格朗日聪明地避开了整个事件。在他的《分析力学》里，他陈述了四种不同的原理，每一个都可作为力学的基石，最小作用量原理也在其中。但是他选择了另一个原理作为他观点的基础。用他自己的话说，"我把它视为力学法则的一个简单并一般的结果，而不是一个超自然的原理。在《都灵大事记》的第二卷中，人们会看到我是怎样利用它来解决动力学上的一些困难问题。这一原理结合根据变分法原理发展了的能量守恒原理，直接给出解决每个问题所必要的所有方程，因此得到解决物体运动问题的一个简单的、一般的方法；但这一方法本身并没什么，只是我在此工作的第二部分将要描述的内容的一个分支，它具有从力学第一原理得出的额外好处。"

我们看到哈密顿指出与莫培督、欧拉，甚至拉格朗日不同的观点，他认为实际运动不减少作用量。这有效地剥去了最小作用量原理（先被认为命名错误）的形而

①《动力学讲义》.1866。
②《发现最大化或最小化曲线的方法》。

上学的所有假象。尽管人们可以想象上帝节约宇宙运行的燃料，但却很难想象上帝会费心地保持作用量稳定；数学家知道稳定路线，但这种路线跟其他路线相比却不明显。哈密顿正确地总结道："虽然现在最小作用量原理在物理学的最高层次上发生，但它认为宇宙所需要的是建立在自然界是节约的基础上这一观点现在一般被否定了。在这些讨论中，这一否定似乎已被一简单的推理所证明，被认为已节省的能量实际上通常都被毫无节制地消耗了。"① 在哈密顿的眼中，虽然最小作用量原理的地位消失了，但最小作用量原理在力学法则中仍然保持重要位置；雅可比并不这样认为，他照常把这事陈述得非常肯定：

　　人们可以在我们之前引用过的欧拉的书《关于抛射体的运动》中找到使用这一原理的例子。有一固定吸引中心的情况下的原理建立后，他不能把它推广到两个自由物体互相吸引的情形，因为他不知道能量守恒；然后，他满足于认为在后一情形中计算将会非常冗长，但是最小作用量原理仍然是正确的，作为一个完善的形而上学的理论基础所需要的那样，力量必须达到最小可能作用量（他认为这是由于物体的引力）。但是这里，对此完善的形而上学没有质疑，甚至对形而上学也没有质疑，实际上欧拉这样写的唯一原因是因为他被"最小作用"这个名字误导了。②

　　这意味着最小作用量原理最后成了形而上学的工具。这场争论的关键论点是哈密顿发现作用量不是最小化，而是稳定。从那时起，最小作用量原理变成了纯数学工具，它的有用性直到20世纪才被完全理解。在此之前，要克服另一个挑战。

　　第一个打击来自雅可比，仍然在他的《动力学讲义》中他说"这一原理的重要性一是使我们可以写出运动方程，二是如果运动方程被满足，请给出一个可以变得最小的函数。这种最小化总是存在，但是一般不知道它在哪儿，早期对于这种最小的存在性总是强调了过分的重要性，然而这一原理的真正重要性是最小化是可以先验给出的。" 雅可比的意思不太明确。显然他说运动最小作用量的存在不是奇迹；真正令人惊奇之处是人们知道它是最小作用量原理，因为可以提前写出并得到运动方程。我怀疑这一断言，但是它被雅可比的追随者进一步发展，最显著的是马赫，在他的《力学史》中已经引用过，他说最小作用量原理基本上是空洞的，因此同两个世纪前克莱尔塞利埃对费马的反对相呼应："在每一运动中，实际的轨迹将总是明显地同无限多可能的轨迹分开。但从分析来看，这只意味着：总是可以找到公式，该公式的变化等于0，从而导出运动方程，因为只有当积分取定唯一确定的值时，变化才消失。"这说得比雅可比还不清楚，但是要点清楚：最小作用量原理除了告诉我们宇宙是确定的，即运动被最初状态唯一决定之外，它没有告诉我们别的。

　　非常奇怪的是雅可比和马赫总是跳出来指出别人的错误，如此地坚定却从不花费力气解释他们的论点或数学地支持它们。因为实际上他们都错了：即使人们丢弃

---

① "用特征函数系数描述光和行星道路的一般方法，"*Dublin University Review*, 1833。

② 《动力学讲义》。

最小化的思想而转向稳定路线，最小作用量原理告诉我们的也远远超过物理法则是确定的这一事实。不依靠最小原理或稳定路线原理人们也可以写出运动的确定性法则。 实际上，寻找遵循稳定路线原理的所有确定性法则是一个非常有趣的数学问题，即变分中的反问题，这个问题直到今天还没被完全解决。我们周围的法则是否属于那一类是一个有挑战性的问题，它告诉我们关于宇宙结构的一些问题。我们将在以后的章节中探讨这个结构，并把它同相空间的某些几何等同起来。

但是我们仍在纯数学的范围。莫培督的梦想同他一同逝去，现在我们回避任何对科学理论的哲学解释。可能是由于文化的缺乏，今天的科学家都是极小领域的范围狭窄的专家，通常对于大学或者实验室外的生活经历很少。尽管莫培督的观点错了，但他的兴趣广泛得多：他的科学工作涉及生物和数学，他是哲学家和国王的朋友，他的经历超出学术界。也可能是由于谨慎；在 20 世纪，我们看到很多思想出现了，又消失了，虽然它们都自称是科学的并且声称依靠科学方法。科学本身经历了许多革命，其中量子物理学和分子生物学是两个显著的例子，这使我们清楚地感到知识的短暂性特点。伽利略、笛卡儿，甚至莫培督也许是第一批拥有发现永恒真理的感觉的科学家，但是今天的科学家不是这样的了。

我们更接近费马，他是律师，他拒绝承认任何事物的意义，包括他的最快路线原理。但是他指出，只要他认为管用，这就足够好了。人们从数学模型所得到的是它可以解释它试图描述的所有事实，并尽可能少地使用基本假设。正如马赫所说："科学必须用最小可能的智力付出，尽可能准确地解释事实。"可以达到终极真理的观念以及所有事实都可以由一个或者几个基本原理解释的观点被他驳斥为"神学的、万物有灵的或者神秘的概念"。在他伟大的《力学史》中，他说明了在科学不存在、人类必须独自面对自然困难的时代，要去除这些残余是多么困难，他谴责这些"原始"概念甚至残留在 18 世纪伟大科学家的思想中。

当我们看到法国启蒙运动哲学家相信他们已经非常接近目标了时，即用物理学和力学解释所有的自然现象时，拉普拉斯想象如果给出在某一初始时间的所有质量，连同它们的位置和速度，某个精灵可以预测未来任何时间宇宙的状态，这种 18 世纪得到的对物理学和力学思想的热情估计在我们看来不仅言之有理而且也是一种令人欣慰的眼界，高贵而崇高，我们从心底赞同，在历史上独一无二。现在一个世纪过去了，我们也有了足够时间来反思，这种世界观在我们看来不过是一种力学神话，如同古代宗教的万物有灵神话一样。

马赫认为科学进展也许没有尽头，因为没有要达到的目标。这是一条没有终点的道路，却值得走下去："科学不声称是对世界的完全解释，但是它理解它是朝着宇宙的一个未来概念前行。"视野也许永远不会完整，大一统知识也许永远存在于未来，我们也许必须满足于部分非常详细的，非常不连贯的理论。从哲学角度看，这不令人满意，但对实验科学家来说，这不真的是个问题；也许没有最终的真理或意义，这在科学一天天的进步中并不是障碍。

庞加莱也许是踏上最后一个台阶的 20 世纪最伟大的数学家，他声称科学不是致力于真理，而是致力于便利：科学只是陈述事实的一种紧凑的方式。不去记录火星在星空中的运动，而通过知道火星和地球都沿椭圆形轨道绕太阳旋转、并用纯几何论证推导出火星明显的运动规律不更有效吗？利用牛顿的万有引力定律不更有效吗？这样的话所有带有扰动的轨道都可以从质量，位置和速度计算出来，就像现今所观测到的。当然，类似的结果可以通过其他模型得到，比如通过假设行星和太阳沿复杂轨道绕地球旋转得到，但是用这样的模型解释同样的事实要复杂得多。在庞加莱 1902 年出版的《科学与假设》这本重要的书中，庞加莱说："这两句话'地球绕太阳旋转'和'假定地球旋转更方便'具有正好相同的意思。"天主教当时正是抓住这句话作为谴责伽利略的证据。庞加莱不得不进一步澄清他的思想。在他的下一本书《科学的价值》（1902）中，有关于"科学与现实"的一章，在其中他写道，"人们可能会说科学只是一种分类，而分类只是为了方便，这不正确。如果它真的方便，那它们不仅仅对我而言方便，对全人类而言也方便；对我们的后代也是如此；而且这不是由于偶然。总之，唯一的客观事实是事物间的联系，即宇宙的和谐。可以确定这种和谐永远不能被没有感受到（这些关系）的人感受到。尽管如此，它们仍然是客观存在的，因为它们现在是，将会是或仍然会是同所有能思考的存在物一样。"

20 年后，路德维都·维特根斯坦（Ludwig Wittgenstein）以简洁优雅的方式总结道："世界是事实的总和，不是事件的总和。" [1] 我们观察事实，我们不知道事实背后是什么。伟大的先驱如伽利略、笛卡儿或牛顿之后发生了多大变化啊！他们把世界看成设计完好的机器并寻找设计蓝图。另一方面，马赫和庞加莱把科学家看成是试图收集信息并把它以最紧凑的方式储存，而不去想他们得到的一致是否具有更深层意义的人。庞加莱只看事实："比如 'OBJECT' 这个词被造出来表示外部物体，它确实是物体，不是短暂的表象，因为它们不仅仅是一组感觉，而是一组由永恒链接联系起来的一组感觉。是这个链接，也仅仅是这个链接组成了感觉后面的物体，这个链接是一种关联。"例如，一个年龄非常小的孩子，先给她看一个明亮的球或者其他有趣的东西，如果再把它藏在幕布后，小孩就会对它失去兴趣，只有当年龄再大些，她才知道到幕布后面拿球，她会及时地认识到幕布后有一个新球，如果总是这样的，她就会学会把它看成和旧球一样而直接称它为"球"：一个物体于是就产生了。

我们和柏拉图的观点不同，比如他告诉我们所观察到的物体只是印象或者原物

---

① 《逻辑哲学论》（1921）。

的影子。唯一真正的物体存在于我们之上的世界，即理想界。死后，人们的灵魂会离开身体飞向更高的世界，在那里人们将会根据行为被奖赏或惩罚，在那儿，人们可以凝视真正的物体和伟大的理想：真、善、美。然后，人们会被附在另一个身体中送回地球，他们保存他们所见事物的一个模糊记忆；他们在这个世界中见到的苍白、腐朽的复制品使他们渴望别的东西。然后科学将会是恢复丢失的真理的巨大努力的一部分。庞加莱指出科学不需要那种信仰：除了使我们的感觉同共同经验联系外，物体没必要以其他方式存在。这里明显没有形而上学的空间：科学可以被认为只同事实而不是同事件相关。再次引用维特根斯坦的话"假如不能对某事有明确的观点，则应保持沉默。" 本还可以就最小作用量原理介绍更多，在这方面庞加莱本人就是一个主要的贡献者。但是莫培督认为科学显示了自然中一个隐藏的目的的美梦已经结束了。

第四章 从计算到几何

拉格朗日、哈密顿和雅可比的共同努力成功地把伽利略的物理直觉变成了一个连贯统一的数学理论。运用 18 世纪发展起来的数学工具，他们发现了一般性的方法，该方法可以用来写出在多种外力和限制条件下的所有可能想象得到的力学系统的运动方程。他们的方法是经典力学的数学基础：任何力学系统的运动方程（假设能量没有损耗）总是所谓的欧拉–拉格朗日方程的特殊情形。

无论拉格朗日、哈密顿、雅可比还是他们的追随者都没有太重视最小作用量原理。这是一个被最大限度地回避了的主题，即使偶然提到，也只是被描述为不相关的或无用的。比如，拉格朗日说最小作用量原理是"力学法则中一个简单的和一般的推论"，并且继续解释说它是教授由其他方法所得出的结果的一种便利方式。这是直到一个世纪后庞加莱把经典力学发展到新的进程前的主流观点。但是长期以来对此的怀疑仍然存在，即使今天，我也很难找出对最小作用量原理除了一提而过之外有更多涉及的任何一本经典力学方面的教科书或者论文。

拉格朗日、哈密顿和雅可比致力于解决尽可能多的问题。即写出力学中任一给定问题的力学方程，然后尝试解这些方程。这被称为力学的"分析"方法，同早期如牛顿的《原理》中依靠几何作图和曲线特殊性的方法不同。在他的重要著作《分析力学》（此后许多年里许多作者的论文都如此命名）中，拉格朗日在欧拉早期工作的基础上给出了写出考虑运动物体的内部结构与外力和约束条件下的运动方程的一般方法，因而实现了计划的第一部分。

第二部分没有完成，拉格朗日没有给出求解运动方程的一般方法。求解运动方程意味着从运动的初始状态计算出系统在未来任何时间的状态（位置和速度）。这可以由计算机程序（结果由一些数字给出）或者手算（结果由一些已知函数给出）得到。前者在拉格朗日的时代是不可能的，因此只剩下后者：用开始时的值和消逝的时间的值来表示可观测量的值。拉格朗日的时代已经出现了许多这样的例子，其中最著名的是牛顿对二体问题的解决。因此拉格朗日可以有充足的理由认为这是一个普遍存在的特性，即如果加上足够的独创性，运动方程总是可以用这种方式解出。实际上，事情并不是这样的，正如庞加莱在一个世纪后证明：经典力学中只有非常少的问题的运动方程可解。但这远远超出拉格朗日的数学水平，他可能希望未来会出现一个以他名字命名的解方程的一般方法。同时，他尽可能多地解决了力学中的问题，将剩下的留给别人来解决。

运动方程可解的问题现在被称为可积的，为了同古时用法区别，人们说"积分方程"而不说"解方程"。第一个可积问题当然是钟摆问题，不论是简单的伽利略版本还是更精细的惠更斯版本。我们已经看到惠更斯和研究这些问题的其他数学家使用几何的方法，如伯努利兄弟和牛顿自己。他们的证明依赖某些曲线的特殊性质，如圆锥曲线或者椭圆，不能扩展到其他情形。莱昂哈德·欧拉是第一个从最一般的情形来考虑这个问题的。他出版于 1744 年的书《寻找最大化或最小化曲线的方法》10 年后被年轻的拉格朗日读到，他得出了自己的方法，并创造了一个名字"变分法"，然后把这个方法在 1755 年 8 月 12 日的一封信中寄给欧拉。欧拉一直是一位大方的人，他采用了拉格朗日的方法和术语。在欧拉 1766 年的书《变分法基础》的引言中，我们发现了对这些重大事件的记述。

这一问题的所有自然的方法应该不涉及任何几何因素。而且打开一个微积分新领域的希望越大，把它应用到这类问题需要克服的困难也越大。即使我在这一问题上倾注了大量的时间和精力，并和我的许多朋友分享了对这个问题的希望，正是这个来自托里诺的深刻的数学家拉格朗日，第一个用纯微积分的办法得到了和我之前用几何方法考虑得到的一样的结论。另外，他的解决方法开创了微积分的新篇章，从此这一领域迅速发展。

欧拉关于变分法的书是一部非凡的作品，是这一主题的第一部著作，现在基本的方程被称为欧拉-拉格朗日方程是相当合适的。书中有两个甚至更有意思的附录。第一个附录研究承重梁的平衡位置。这是被称为曲率的现象第一次出现在科学文献中：一根垂直梁，上面载一重物，如果重物的重量小于某一临界值，这根梁将保持垂直。但如果压力超出临界值的范围，梁将会突然弯向一边（在这一过程中通常会发生断裂）。现在这种现象被研究得多了，但是欧拉在那么早就注意到了是很了不起的。在第二个附录中，欧拉研究了真空中受重力或其他力影响的物体的运动，结合刚刚发现的变分法的法则，他说明了如何从莫培督的最小作用量原理得出运动方程。这是最小作用量原理第一次被最一般地应用，除了非常简单的情形外，莫培督自己从来没有应用过它。

"这本书最重要的部分"，1837 年雅可比在一次讲演中说，"是一个小附录，它里面证明了对于力学上的某些问题来说运动物体所遵循的轨迹的作用量达到最小（这里只考虑平面运动）。正是这个附录产生了整个分析力学。它出版一段时间之后，拉格朗日，这个也许是阿基米德之后最伟大的数学天才，出版了他的《分析力学》……通过推广欧拉的方法，他发现了他著名的公式，在几行之中包含了所有经典力学问题的解。"

当然，雅可比过于乐观了，正如我们前面指出的，拉格朗日的《分析力学》包含了方程，但不是解。但这仍是一个巨大的智力成就。让我们再次回忆一下拉格朗日自豪的开场白："在这本书中找不到一幅图。我解释的方法既不需要作图也不需要几何或力学的论证，仅仅是有序而统一的代数运算。所有喜欢微积分的人将高兴地看到力学成为那一学派的又一分支，将会感谢我拓展了它的范围。"在欧拉和拉格朗日的工作之后，不再需要图形和任何几何知识了；进一步，力学的所有问题都能够被公式化并以系统的方式写出方程。《分析力学》进一步给出了例子，其中最著名的一个是刚体的力学。

刚体不能等同于一个点，它有一定的形状。它的状态不仅仅由所处位置给出；人们必须告知它的朝向：朝上朝下还是朝向一边？定义刚体的状态 6 个数就够了，3 个给出所处位置，3 个给出方向。还需要 6 个数来确定它的运动速度：3 个告诉我们它在空间是怎样运行的，3 个告诉我们它的方向是怎样变化的。相对而言，只需要 3 个数就可以给出质点的位置，还需要 3 个数给出速度，同刚体的 12 个数相比总共 6 个数就够了。描述质点的运动是伽利略和他的追随者们的基本贡献。拉格朗日的书中给出了完整的记述。下一个复杂的问题是刚体的运动，它当然更重要，因为质点仅仅是数学想象（想象物体无限小并且还有质量）。毫无疑问，人们的注意力很早就转向研究刚体的运动了。

不幸的是，该问题不能在完全一般的意义下得到解决。我们现在知道只有在非常特殊的情形才可以解出刚体的运动方程；这些被称为可积情形。这些情形经过几代数学家的努力才被发现，即使今天，寻找更多例子的工作仍在继续。也许值得对这一探索作简短的记述。

在他 1760 年的著作《刚体运动理论》中，欧拉证明了刚体运动可以被理解为两个独立的运动的和：质心的移动，仿佛质心是集中了刚体所有质量的一个单点。轨线的方向也一样，就像刚体沿质心自由转动。所以一个一般的问题分解成两个子问题：寻找一定力作用下质点的运动和寻找固定于质心的刚体在一定力作用下的运动。第一个问题已经理解得很好了，现在就剩下第二个问题了。

欧拉在特殊的情形，即作用于刚体的力为零的称之为自由运动的情形下解决了这一问题。在此情形下运动的方程可解。例如，欧拉的解法将告诉我们刚体在星际空间如何移动：它将会沿直线运动，因为没有力作用于它，同时按欧拉描述的方式绕自身旋转。它不会告诉我们刚体将怎样落到地球上，因为在那种情形下有力即重力的作用。这个问题不能在一般情形下解决，在只有当刚体满足额外的对称要求时的特殊情形下解才能被找到。第一个这样的情形由拉格朗日自己处理过：这时有一条对称轴（质心位于这条轴上）。陀螺通常按照拉格朗日的要求制作，这是为什么经典力学的教科书仍旧对旋转陀螺进行详细研究的原因：不是因为对过时儿童游戏的特别兴趣，而是因为它是运动方程真正可解的非常特殊的例子之一。基于此，一个世纪之后，1888 年索菲亚·科瓦列夫斯卡娅（Sofia Kovalevska）发现了另一个（特别特殊）完全可积的例子。除了由拉格朗日和科瓦列夫斯卡娅描述的可积情形之外，我们还不能解决重力作用下刚体的一般运动方程。

让我试着更详细地描述我上一陈述的意思。刚体运动方程的解（在特别情形之下称作欧拉–拉格朗日方程）是一个包含 12 个数学关系的组，这组关系根据运动开始（或者观察开始）的状态和经过的时间给出任意时刻刚体的位置和速度。给出任何初始位置和速度，这些关系定义随后的位置和速度为时间的函数，因此定义了相应运动的轨线。并且，这些关系应该可计算：仅仅知道它们存在是不够的；应有一个可以从初始数据计算出任意随后时间的并精确到任意精度的位置和速度的实用方法（算法）。比如，若这些关系能够用标准的函数表达，如 $y = x^2$ 或 $y = \sin x$，这正是欧拉、拉格朗日和科瓦列夫斯卡娅对某些同可积系统相对应的特殊情形设法做的。

不幸的是，如前所述，这些情形真的很特殊。一般而言刚体运动为不可积问题。这意味着我们不能像可积情形那样可以永远跟踪运动轨线。正如一句谚语所说的，有人可以某段时间蒙蔽所有人，或所有时间蒙蔽某些人，但不可能在所有时间蒙蔽所有人。同样，在不可积系统中，人们可以某段时间跟踪所有轨线或所有时间跟踪某些轨线，但不能所有时间跟踪所有轨线。比如，如今我们有办法寻找不可积系统的周期轨线：这些轨线是自封闭的，这意味着基本力学系统以规则的时间间隔无限多次地经过相同的位置和速度。周期轨线当然可以所有时间被跟踪，因为它们只是简单地重复自己，但即使是邻近的轨线，它们从相近的位置以相近的速度出发，也可能会很快和周期轨线分开而超出我们的计算范围。

在经典力学中，不可积系统是占统治地位的，而可积系统是例外的。它们是非典型的并且有限的一类。直到 19 世纪晚期庞加莱的工作之前，它们都没有得到适当的重视。他的前辈们将注意力集中在寻找可积问题或者研究接近可积的力学系统。在那个计算机还远没有被发明的时代，这可能是当时能做到的最好的程度吧。但这种研究路线的缺点在于对可积系统了解得太多导致产生这样一个观点：它们是典型的，它们的性质给出了在更一般的情形将会发生什么的一些暗示。例如，当时广泛认为遵循牛顿定律的物理系统将具有可预测的运动，并展示出长时间的稳定性。今天，人们知道这样的系统似乎更具有混沌行为。经典力学可以在一个错误观念之下运作这么久，这是教育力量的一个证明。教学和研究集中于可积系统，相辅相成，直到我们不再有工具也不再有兴趣研究不可积系统。

尽管错了，这种力学观念却在哲学思想中留下了深刻的烙印，因此值得我们详细地描述。可积系统的主要特点是什么？它们是怎样大范围地延伸到整个自然科学的？首先，运动方程可解意味着所有轨线可以以任意精度被计算到任意将来时刻。结果是系统的任意未来状态可以完全从现有数据预测。可积系统不仅可以预测而且稳定，这意味着状态（位置和速度）的任一小变化将会在随后的时间引起相似的小变化。换言之,对于这样的系统,结果和原因成比例:小扰动,比如蝴蝶扇动翅膀,将不会发展成严重混乱,比如热带风暴。

正如我们将在下一章中看到的,所有的这些特点:可预测性和稳定性,是可积系统所特有的,我们也将看到不具有可预测性和稳定性的力学系统的例子。但是,由于多年来经典力学只是研究可积系统,我们就有了关于因果关系的错误观念。来自非可积系统的数学真理是每一事物是其他每一事物的原因:要预测明天发生什么,我们必须考虑今天正发生的一切。除了特别特殊的情形之下,没有完全清晰的"因果链"联系着相继事件,其中一个事件是下一个事件的原因,可积系统正是这样的特殊情形,它们导致了认为因果链并置的世界观,即因果链平行运动,互不干扰:我想着自己的事情在马路上走着,没有意识到风儿吹过屋顶。我为什么应该注意呢?风属于另一个因果链,它同我的事件独立,遵循着不同的准则,同时还有很多我不需要关注的事情正在发生。另外,我期待世界是可预测的,稳定的:我将肯定能到达我要去的目的地,如果我现在晚了 5 分钟,我也将晚 5 分钟到达。

但这种观点可能被一个意想不到的事件粉碎:风从屋顶吹落一片瓦,正好砸在我头上,终止了未来所有的约会。结果两个看起来独立的因果链一点也不独立,这个事件令人伤心的是结果;可以说有两个原因,而不是一个,我急匆匆地去赴约会和一阵风。用风行 19 世纪哲学的经典分析,这是偶然事件,否则是完全可预测和稳定的:两个独立的因果链可能交叉,在交叉点,我们发现事件不可以单独从两条因果链中的任何一条预测,因此就归咎于偶然。

我从不持这种世界观。在之前的经典的例子中,如果真要用相关因果链分析的话,会找出不止两条,可以找出很多条,也许无穷多条。因为如果那一特殊的瓦片(不是正好在它旁边的那片)正好在那一特别的时刻落下(而不是早或迟),一定有原因,这又是另一因果链的一部分:可能瓦片制造得不好或者固定得不牢,也许因为有人在房顶上行走而使它移动了位置,这些事件中的每一个都展开一个新问题,所以单一事件被证明为一件织工精细的挂毯的一部分,线就是因果链。一开始,我是怎么拥有那个约会的?时间和地点是怎样决定的?公共汽车司机看到我赶汽车时为什么等我?那个人为什么拦住我问路?这些事件中的任何一个,如果有其他可能的话,将会导致瓦片或迟或早、或在我旁边落下,而不正好砸在我头上,因此每一个事件都是致我死亡的"原因"。实际上,人们可以想到的任何事物,只要它发生于事故之前,都可以通过某些因果链同事故联系起来,我可以起诉全世界谋杀我。

世界不分成因果链,不是线性地安排事件,使得前者是后者的原因,后者是前者的结果。每一事件就像树干,把网状的根伸向过去,把树冠托向未来。任何事件永远不会只有一个原因:越向前寻找,越能找到任一特殊事件发生的越多的前因。

也永远不会只有一个结果：向未来看得越远，单一事件张开的网越宽。布莱兹·帕斯卡曾经评论道："如果克利奥帕特拉（Cleopatra）的鼻子短一点的话，世界的现状可能会改变。"的确，在罗马历史上的一个著名事件中，在尤利乌斯·凯撒（Julius Caesar）被暗杀后的权力之争期间，主要的三位觊觎者之一马克·安东尼（Mark Anthony）如此深爱着克利奥帕特拉以至于公元前 31 年在亚克兴同屋大维（Octavius）的一场关键的海战中还带着她。当她由于害怕而离开战场时，马克·安东尼同他自己的军舰伴随她离开，这使舰队因主帅的逃跑处于混乱之中。打败对手后屋大维继而成为奥古斯都，第一位罗马皇帝。让我们继续讨论，如果克利奥帕特拉的鼻子短一点，在尚没有美容手术的时代，马克·安东尼可能就不会坠入爱河，也许会成为更好的主帅，他可能赢得亚克兴之战而继承尤利乌斯·凯撒的位置。更深远的后果仍然可以公开辩论，但应该注意到，是屋大维改变了罗马共和国的格局，使它成为一个帝国并直到 1806 年才从欧洲舞台上消失①。

　　所以长期的历史并没有清晰地分成良好定义的因果链平行地运行；任何事件可能导致不可预见的结果。这同可积系统的数学理论形成鲜明对比。可以证明（的确，这是理论的主要结果）这样的系统的确可以分解成永不互相影响的子系统。这些子系统非常简单；实际上，每一个子系统的行为都像一个伽利略钟摆。所以可积系统仅仅是钟摆的集合，这些钟摆独立地摆动。在这种情形下，因果链的概念非常恰当。每一钟摆代表一个因果链。如果现在扰动一个钟摆的运动，其他的钟摆将不会受到影响，仅那一个钟摆受影响；它的位置和速度的任何未来变化可视为最初扰动的结果。反之，整个系统的整体变化可以分解成每一个子系统的一系列变化，每一个都有先前扰动的初始原因。这些因果链永不互相影响，这意味着所有钟摆互相独立，在可积系统中不存在偶然的事件。另外，今天的小扰动引起未来的小扰动，所以，如果我想要在未来有大的变化的话必须现在施以大的变化。如果世界是可积系统，克利奥帕特拉鼻子的尺寸就不会导致如此不相称的结果。

　　现实处于整齐连续的、原因和结果成比例的可积系统与任何事物依赖于其他事物、任何事物都不可小视的不可积系统之间。这通常是个时间范围问题：从长远来看，世界是不可积系统。从短期来看，如果想预测明天的天气或一千年后月球的位置，可积系统提供了一个现实的完美近似。在那个范围，预测是安全的，我们可以被半确定地告知明天是否会下雨或 2010 年是否会有日食。② 但从长远来看，事情不一样：我们不能确定 100 年里天气怎么样（看关于全球变暖的争论）或水星几十亿年后会在哪儿（它有偏离太阳的可能性）。在那个范围作预测的困难是有太多的因素需要考虑，实在是太多了，以至于人们真的不知道哪个将被证明是重要的。这

---

① 当时哈布斯堡王朝的弗朗兹二世，奥地利的皇帝，放弃了罗马皇帝的头衔。

② 此书第一版出版于 2000 年。—— 译者注

并不意味着长时间的预测不可能。随着对基础物理、化学和生物相互作用的理解和纯计算技巧方面的持续进步,有意义预测的范围在未来被不断地扩大。但总是存在外部局限超出我们的能见范围,在很多重要的例子中,它仍然令人不舒服地封闭着。

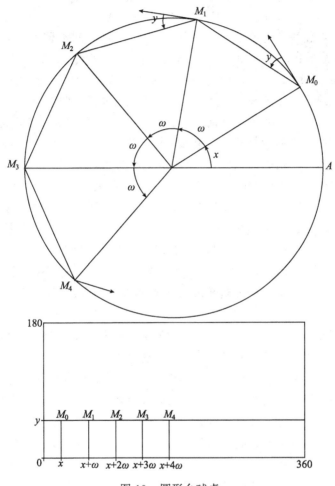

图 10　圆形台球桌

　　这两幅图从不同的观点描绘了圆形台球桌。第一幅图表示了从 M_0 开始的一个球的单条轨线。连续碰撞,$M_0, M_1, M_2, \cdots$ 发生在规则的角度间隔 ω,因此第 n 次碰撞 M_n 发生在离初始位置角度为 $n\omega$ 处。由于是圆形的,球在边界每一次碰撞的入射角都是同样的角度 γ,并以同样的角度 γ 弹回,但是在通过 M_n 的射线的另一侧。

　　每一次碰撞都由它的位置和角度来刻画。后者是常值(等于 γ),第 n 次碰撞的位置为 $x+n\omega$,其中 x 是初次碰撞的位置。在矩形中用 $(x+n\omega, \gamma)$ 描出连续的点,水平边变化范围为 0 到 360°,垂直边变化范围为 0 到 180°,我们得到第二幅图。这些连续的点位于一条水平线上,离较低的边的高度为 γ。如果轨线 n 次碰撞后闭合,即如果 $M_n = M_0$,那么那条线上只有 n 个点。这是周期运动的情形。否则,这些连续的点将布满整条水平线。这是非周期情形,它是最一般的情形。

作为从可积系统到不可积系统转变和线性因果链逐渐崩溃的说明,我们将把本章的剩余部分全部用于讲解经典力学中最简单的可积系统:台球桌上的运动。我们将假设球为完全圆形,反弹为完全弹性,我们将忽略空气和桌面毛毡的摩擦。一旦开始,球将以恒定的速度不停地运动,反弹之间的轨线是直线段。反弹规则是标准的:进入的角(称为入射角,i)和出来的角(反射角,r)相等。

桌子的形状将决定球的运动是否为可积的,正如我们将要看到的,这将造成巨大的差别。标准的台球桌为矩形,但这里的情形不是如此。我们考虑的台球桌没有直边也没有角。台球桌边(让我们按台球传统称之为台球桌内侧边缘的衬垫,以下简称衬垫)是连续的光滑曲线。但是我们要求边上的任意两点 A 和 B 能被台球桌内的一条直线段连接,即球可以直接从 A 滚到 B 而不先碰到衬垫。这种性质称为凸性;我们下面讨论的所有的台球桌都将是凸的。

最简单的例子是这条边是圆周时的情形。球的运动将很容易跟踪。反弹以规则的间隔进行,由一个不变的圆心角分开,记之为 ω。对比第一次测量反弹的角度,人们将会发现第二次反弹在角度为 2ω 处,第三次在角度为 3ω 处,以此类推。如果 ω 正好是 360 的分数倍(此处 ω 角度都有度数,360°为一圈),即如果 $\omega = 360p/q$,p 和 q 为整数,那么这一特殊轨线将会在 q 次反弹后自己闭合起来;它将绕桌面转了 p 圈。我们称这样的轨线为**周期的**。另一方面,如果 ω 不是 360 的分数倍,即如果 $360/\omega$ 是无理数,轨线将永远不闭合;球绕桌面转但永远不会两次碰到衬垫上同一点。

我们可以几何地表示这一简单的力学系统。考虑边长为 360 和 90 的矩形,长的边为水平的。矩形中的每一点对应着一个数对 (x, y),其中 x 给出点在矩形长边的位置(称为**水平坐标**),y 给出点在矩形短边的位置(称为**垂直坐标**)。换言之,在矩形上选一点等同于选择两个数 x、y,x 位于 0 到 360 之间,y 位于 0 到 90 之间。现在让我们以不同的方式解释 x 和 y。在衬垫(台球桌边)上选取一点 A 用刻痕或颜色标记;所有角度都从 A 处开始测量。一对 (x, y) 将表示一次反弹,x 表示反弹的位置,y 表示入射角和反射角的值。第一个数 x 给出衬垫上一点 M,即 AOM 角等于 x 的唯一一点 M(此处 O 点是圆形桌的中心)。这将是球撞击衬垫的位置;如果 $x = 0$ 意味着反弹正好发生在 A,$x = 360$ 时也是如此。第二个数 y 给出入射角:$y = 0$ 意味着球相切地擦过衬垫;$y = 90$ 意味着球垂直撞击衬垫(并沿原轨道弹回)。

台球的轨线只不过是一无穷多次的连续反弹,每一次反弹都由 360×90 矩形中的一点表示。第一次反弹由坐标为 (x_1, y_1) 的一点表示,x_1 给出衬垫上接触的位置,y_1 给出入射角。以此类推,n 次反弹由坐标为 (x_n, y_n) 的点表示,n 取值范围为整数。用这种方式我们有了对台球桌的第二个几何表示。最初,我们把它看成无穷多条折叠于凸盒子内部的连续直线段。现在我们把它视为矩形里的无穷点列。当然矩形更容易画（图形没那么混乱），这使它更容易被分析。的确，碰撞点以规则的间隔沿圆周排列，使得角序列 x_n 由简单法则 $x_{n+1} = x_n + \omega$ 给出。在每个碰撞点入射角 y_n 都相同；通过几何论证我们发现它等于 $\omega/2$。所以对于每个 n，我们有 $y_n = \omega/2$。轨线中的每一点 (x_n, y_n) 在 360×90 矩形里都具有相同的高度 $\omega/2$。

若我们将所有的信息放在一起并将对应于一条特定轨线的序列 (x_n, y_n) 画出来，我们发现所有的点都位于 360×90 矩形内同一条水平线上，高度为 $\omega/2$。x_n 的行为将依赖于 ω 的值，若 $360/\omega$ 是一个分数，即 $360/\omega = p/q$，其中 p，q 为整数，则 x_n 恰有 q 个可能的取值，它们对应于 $y = \omega/2$ 的水平线上 q 个不同的点，轨线将以同一顺序依次穿过这 q 个点，然后再依次穿过它们；它是周期的。若 $360/\omega$ 是无理数（意即它不是真分数），那么 x_n 将最终均匀分布在 $y = \omega/2$ 的水平线上：若使用计算机，你将看到随着碰撞不断被描上，那条水平线将变得越来越黑。

反之，360×90 矩形中的每一条水平线包含一整族轨线。它们都有相同的高度 y，即线的高度为 $\omega/2$。若我们回到第一种几何表示，圆形台球桌，这意味着它们都以相同的角度 ω 碰撞边缘圆周。有整整一族是因为：它们因碰撞位置的不同而不同，给出了第一个 x_1，其他的 x_n 由以下关系递推：$x_{n+1} = x_n + \omega$。现在考虑第二种几何表示，我们发现所有的点 (x_n, y_n) 都在高为 $\omega/2$ 的水平线上。

如果现在以一个哲学家的眼光来看这个系统，我们看到两条互不干涉的因果链平行地作用。从初始碰撞 (x_1, y_1) 可以导出所有其他碰撞；因此这个初始碰撞可以恰当地被称为其他所有碰撞的原因，我们在因果分析中可以做得更精确。如果只改变 x_1，其他（即 y_1）不变，则只是 x_n 改变而 y_n 不变；如果只改变 y_1，其他（即 x_1）不变，则只有 y_n 改变而 x_n 不变。换句话说，水平运动（x_n）和垂直运动（y_n）互不干涉：我们有两个独立的原因链。如果知道了 x_1，则能预测所有的 x_n，另一个初值 y_1 和这个目的无关。若知道 y_1，则能预测所有后继的 y_n；另一个变量的初值和此目的无关，运动过程中无信息丢失。若在 y_1 的值上有误差 h，那么我们将在所有后继的值 y_n 上有相同的误差，不多也不少。实际上，它们都位于 360×90 矩形内的同一水平线上，我们的初始错误仅仅意味着我们弄错了它的高度。

这是非常明显的，正是许多人思考原因和结果时头脑中所想到的。现在让我们将系统变得稍微复杂一点：桌子的形状变为椭圆而非圆形。简单构造椭圆的一个办法是系一根线到两个固定点 F_1 和 F_2（称为椭圆的焦点），沿着此线保持线不伸缩地移动一支铅笔就画出一椭圆。若 $F_1 = F_2$ 则椭圆就是一个圆周。随着 F_1 和 F_2 相距越来越远，椭圆变得越来越扁；它有两条直径，一条（沿 $F_1 F_2$）比另一条长。

椭圆台球桌的几何不同于圆形台球桌。反弹仍遵循入射角等于出射角的标准规则，但这并不能得出沿一条给定的轨线这些角度都是常值：每一次反弹都有它自己的入射角。两个例外是椭圆的直径：若球沿 $F_1 F_2$ 开始，它沿这条线来回反弹，每

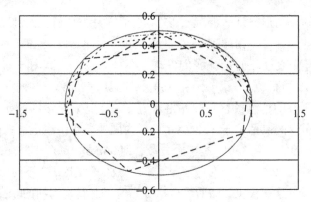

图 11 椭圆台球桌

它的长轴（水平直径）长为 2 个单位，短轴（垂直直径）长为 1 个单位，它的两个焦点 F_1 和 F_2 没有标出，它们位于水平轴上，在中心 O 的两侧，距离 O 为 0.866。此图也给出了三条不同轨线的初始碰撞点，它们每次都从最右边一点以不同的角度出发。注意碰撞的角度不会再像圆周情形那样沿每条轨线都是常值。

次都垂直地碰撞边缘。图 11 给出了三个例子。另一个特别的轨线的集合是那些穿过焦点的轨线。若球从 F_1 出发，它将在第一次反弹后经过 F_2，第二次反弹后经过 F_1，以此类推，在两个焦点之间不停地振动。如果一个房间被建成椭圆形，任何站在焦点 F_1 的人能清楚地听到 F_2 处的耳语，这一现象是因为一焦点能吸收另一焦点传出的声波，参观过科学博物馆的人都知道这一点。

  如同在圆形台球桌情形那样，我们用两个数 x 和 y 表示每次反弹，其中 x 表示碰撞在边缘的位置，y 表示入射角。这样，球的每条轨线对应一个 360×90 矩形中的无穷点列 (x_n, y_n)。不再是这些点排在同一条水平线上的情形了：它们产生更复杂的曲线，这些曲线将 360×90 矩形切成薄片，如同前面情形的水平线那样。数学家称之为矩形的叶状结构，并且他们称这些薄片为叶状结构的叶子。三片这样对应不同轨线的叶子在图 12 中给了出来。叶子被一片片叠放起来，矩形上每一点只属于一片叶子，我们对圆形台球桌所做的事情可以搬过来用到椭圆情形。运动的每条轨线位于一片叶子上。因此确实有两条独立的原因链，第一条决定运动发生在哪一片叶子上，第二条决定在那片叶子上的运动，信息不会丢失：初始位置的小的误差意味着叶子上位置的小的误差，它不会随时间而改变。

  椭圆台球桌表现得几乎就和圆形台球桌一样。例如，预测是容易的。假如我们观测到初始状态 (x_1, y_1)：碰撞的位置由 x_1 给出，角度由 y_1 给出。于是画出叶状结构中经过 (x_1, y_1) 点的叶子：我们知道所有后继碰撞都位于该曲线上。这些信息相当地限制了将来的行为：毕竟，一条曲线是整个矩形非常小的一部分，我们知道 (x_n, y_n) 不会在别处被找到。确切地说，想象我们被告知有宝物藏在 360 英里长

90 英里宽的矩形里。事实上，宝物沿某条铁轨藏着，该铁轨正好穿过那个区域，知道这些不是更好吗？这就是我们将要进行预测的方式：我们先找到恰当的叶子，即我们找到铁轨，接着我们跟踪轨道上的运行。

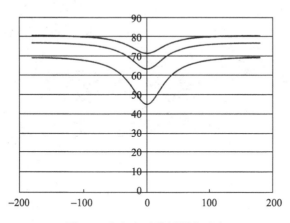

图 12　点角表示的椭圆台球桌

在此图中，球在边界上的碰撞用它的位置和入射角表示。碰撞的位置由和椭圆中心连线与水平线的夹角表示，这里用 x 坐标记之，其变化范围为 $-180°$（即椭圆上最左边的点的角度）至 $180°$（即椭圆上最右边的点的角度），碰撞角度的变化范围为 0（沿法向或垂直撞击）到 $90°$（相切地，或擦边地）。椭圆情形就和之前的一样了，并且三条曲线对应着我们之前图形所画的三条轨线。它们都从最右边点（$x = 0$）以不同的角度开始：$45°$（下边曲线）、$63.5°$、$71.6°$（上边曲线）。这容易解释。比如，第一条轨线将碰撞边界上几乎所有点；当它充分接近最右边的点（$x = 0$）时，角度接近 $45°$，当它充分接近最左边点（$x = 180$，或 $x = -180$）时，它的角度接近 $70°$。

哎，这些都是椭圆（和圆周，那是椭圆的特殊情形）的非常特别的性质。一旦桌子的形状发生变化，台球表现得会很不同。我们仍用 360×90 矩形上无穷点列

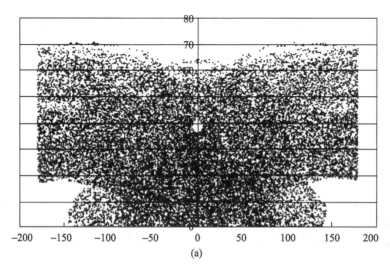

(a)

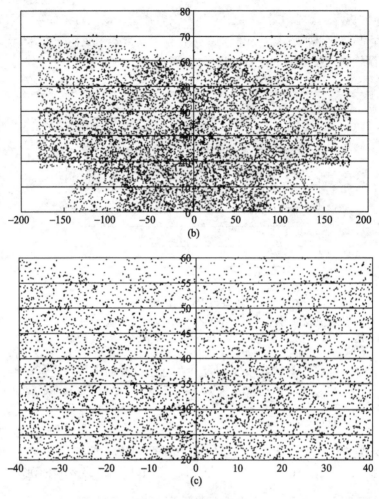

图 13   一般的台球桌

图 13（a）是用点/角表示的台球的单个轨线的 30000 次碰撞，此时桌面是凸的，但不是椭圆的（想象
一个鸡蛋形状的桌面）。起始点位于桌面的最右端，初始的角度大约是 56.3°，（$x = 0, y = 56.3$）。这是
不可积系统的一个很好的例子，其运动显然是混沌的，这与图 12 的情形非常不同，那时运动是可积的。
这样的结论不再成立，即当轨线回到 $x = 0$ 附近时入射角会接近 56.3°；如图所示，轨线回到 $x = 0$ 附近
许许多多次，入射角都不相同，从 0 到 65°变化，轨线穿过（x, y）矩形大部分区域（但不是全部）。
为了给出对传播的速度的感觉，（b）展示了同一条轨线的 10000 次碰撞。为了给出对云团内部结构的
感觉，（c）给出了–40 < x < 40, 20 < y < 60 区域的详细的图形。

表示任一轨线；如前，每次反弹用（x, y）表示，其中 x 给出碰撞的位置，y 给出
入射角。但是，同桌面为圆形或椭圆情形相比，这些点不再位于一条良好定义的曲
线上，它们形成一团云，有时候云团覆盖整个矩形，其他时候部分区域被覆盖。在
后面情形，云团没有逐渐减少，不存在从稠密覆盖到非稠密覆盖再到什么也没有的

连续过渡：边界总是尖的。如图 13 将让我们想起铅弹射击目标的效果；或者把一把沙撒满地面，如果它们不是这些奇怪的尖边界。

这个显著的区别意味着系统不再是可积的：从数学上讲，非椭圆的桌面是一个不可积系统。其中的差别通过图 14（a）和图 14（d）一眼就可以看出来，这两个图分别表示单条台球轨线：这里没有把可积系统与不可积系统搞混。但这远比简单的表面来得深刻：我们所说的关于椭圆台球桌的因果关系与预测的每一件事都不成立了。例如，假设有一条从（x_1, y_1）出发的轨线，其中（x_1, y_1）表示第一次反弹：我们对第 n 次反弹了解多少呢？是的，它位于云团里面某处，但若云团覆盖整个矩形，这将对我们完全没有帮助：不会再有像椭圆情形那样的铁轨来拯救我们。如果我们真的想要对第 n 次反弹有所了解，比如它在边缘上的位置，最好的办法是仔细地沿整条轨线再走一遍：从第一次反弹（x_1, y_1）算出第二次反弹（x_2, y_2）；从第二次反弹到第三次反弹（x_3, y_3），从第三次反弹到第四次反弹（x_4, y_4）；直到到达我

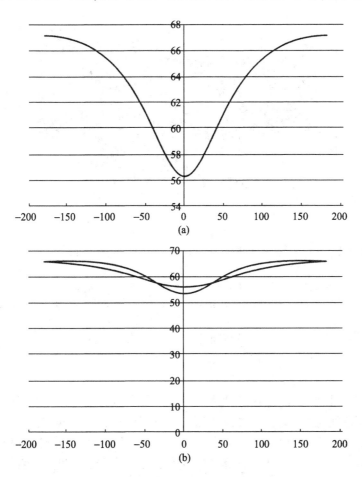

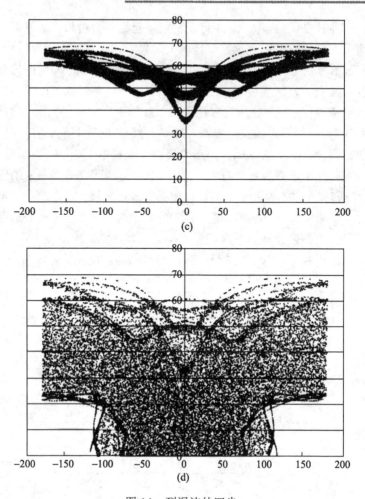

图 14　到混沌的四步

这四幅图描述了单条轨线的 30000 次碰撞，碰撞总是从桌子最右边的点开始，入射角为 56.3°，桌子从纯椭圆形变为卵形。图（a）是椭圆情形，如我们已观察到的，它是可积的。在图（b）中桌子不再是椭圆的，但它仍非常接近可积系统；注意在边界上每一点现在有两个可能的入射角，而不是椭圆情形的一个。在图（c）中桌子离椭圆已经相当远，混沌开始了。在图（d）中混沌充分发展了。

们感兴趣的那第 n 次反弹。注意信息不会分裂为几个部分：尽管我们只关心 x_n，第 n 次碰撞的位置。我们不仅需要计算出中间碰撞的位置 x，还要计算出它们的入射角 y。

　　如果碰巧非椭圆台球桌是混沌系统：计算误差不仅会增长，它们还会爆炸。当我们计算第二次碰撞（x_2, y_2）时，我们不得不作四舍五入，不可能即使是物理意义下的，如数学家们期望的那样：得到 x_2 和 y_2 的小数点后无穷多位的值。必须在某个地方作截断，这实际上正是计算机所做的事情。用户要求的精度越高，截断处离小数点越远，但它总在那儿。但截断一个数值意味着误差，无论它被刻意做得有多小。不仅误差会传递给下一次反弹，再传给第二次、第三次、第四次、第五次，一直继续传到每一次反弹，它还会以大的速率增加，可能每一步增加一倍，因此最终它将会大于其他任何值，当然，除了其他每步产生的以同样的速率增长的四舍五入的误差。非常快地，少到可能只要 10 次反弹之后，计算机就会在背景噪声中完全崩溃，从而得到的结果与真实的毫无关系。换言之（再次同椭圆情形相比），对这种台球桌做长时间的预测是不可能的。

另一个差异是，系统不会再分裂为独立的原因链。我们看在椭圆情形 360 × 90 矩形是如何被曲线穿过的（我们称之为铁轨），并且当一条轨线从某条这种曲线上开始它将永远待在这条曲线上。寻找一条轨线自然被分裂为可独立解决的两个问题：找出正确的铁轨，再找出沿该铁轨的运动。在不可积情形这种情况不会发生。如我们前面看到的，除了从第一次反弹到我们关心的那一次反弹的准确计算之外别无它法。这将导致在每一步丢失相当多的信息。信息不会被分裂，要计算出 x_2 或者 y_2 的值，我们需要同时知道 x_1 和 y_1 的值。没有办法把计算分成独立两个使得它们每一个不用另一半信息计算这一半的信息。用哲学的语言就是，不再有两条独立的原因链：每件事都会影响其他每件事，这个系统只能被整体地理解。

没有什么差异比椭圆和非椭圆台球桌之间的差异大了。一方面，一个系统完全明晰，完全可预测，由两个独立的原因链主导。另一方面，一个系统不可预测，单一事件不是单一的原因：总是要考虑每一件事情。第一个是典型的可积系统，这已经被拉格朗日、雅可比等经典力学的奠基人发现。第二个是不可积系统，最早在 1900 年左右被庞加莱发现。若计算机的发明没有给我们提供方法去探索它，它将仍然是一个陌生的领域。哪些最接近真实世界呢？

答案是毫无疑问的，因为不可积系统是脆弱的，只要有人碰一下，它们就会崩溃。如果台球桌形状偏离椭圆这么多，那么这个系统不再是可积的，混沌产生了。若桌面不是水平的，同样的事情会发生，极小的凸起、极小的倾斜就足够了。观察从可积系统到不可积系统的过渡是非常有意思的。例如看图 14，它描绘了走向混沌的四步。每一步描绘了单条台球轨线，它们开始于相同的初始反弹，但分别在四张不同的台球桌上。我们从一张完全椭圆的台球桌开始，我们能持续稳定地改变它的形状。当我们慢慢离开椭圆情形，我们发现轨线会变粗，在第一幅图，它是清晰刻画的曲线；在最后一幅图，它变成了一团云，集中于初始曲线，但覆盖了 360 × 90 矩形的大部分区域，这表明系统变得不可积，有了混沌。但仍然保留了一些可预测性：毕竟，矩形内仍有一些区域轨线不能进入。比如在第二个图中，当扰动非常小，桌面非常地接近椭圆时，我们看到尽管轨线允许离开第一个图中的"铁轨"，它仍不能离铁轨太远。它不得不待在离铁轨一定距离的范围之内，扰动越小，距离越小。扰动为零，即桌面再次为椭圆，轨线回到铁轨上来。如果我们换个方向，加大扰动,使桌面越来越不椭圆,沿铁轨的允许带状区域将会增大直到最后覆盖整个 360×90 矩形。我们看到允许区域从一条整洁的曲线变成了整个矩形,这突出体现了不可积系统的整个变化范围,它逐步变成不可预测和混沌。

这正是最小作用量原理(在哈密顿和雅可比的工作之后称为稳定作用量原理更好,或者以发现者的名义称之为莫培督原理)非常有用的地方。如拉格朗日指出的,我们关心可积系统没什么用处,因为这种情形我们能在任意长时间以任意精度计算出所有的轨线。我们所想知道的一切都在计算中出现,没什么留给稳定作用量原理来告诉我们,最多是使我们能以不同的方式解释结果。但是当我们研究的系统不是可积的时候,计算迅速崩溃,它们能告诉我们关于轨线的信息很少。正如我们将要看到的,莫培督原理将明确指出一些这种轨线并以数学的准确性跟踪它们。

非可积系统,比如非椭圆台球桌,没有一般解;这意味着没有直接的办法从 0 时刻的状态计算出它们 t 时刻的状态。总是有可能通过精确跟踪 0 与 t 时刻之间的轨线来计算 t 时刻它的状态,但这个过程到处是四舍五入产生的误差,且误差随时间累积,并经常被系统放大。在可积系统中有捷径直接给出结果,能避开这些危险。但在不可积情形,没有捷径可走,我们不得不逐个计算每条轨线;从而我们研究的范围受到了相当的限制。到 19 世纪末,由拉格朗日、哈密顿和雅可比开辟的道路被充分地研究,但大多数力学或物理系统长时间的动力学行为仍然蒙着神秘的面纱。

第五章　庞加莱及庞加莱之后

伟大的法国数学家亨利·庞加莱（Henri Poincaré）（1854—1912）最先成功地研究了行星系统的长时间运动，这在数学上称为三体问题：一大一小两颗行星由于引力的作用围绕一颗恒星运动。假定恒星的质量足够大使得两颗行星对其吸引的影响可以忽略不计，那颗大的行星相对于小行星而言也足够大使得小行星对其吸引的影响也可以忽略不计。根据开普勒三定律，大行星沿椭圆轨道绕恒星转动，整个问题归结为确定小行星的运动。这是一个古老而又非常重要的问题，之所以重要是因为它是离开由牛顿完全解决了的二体问题的第一步。另外，解决这一问题有助于天文学家理解月球的运行：忽略其他行星对太阳、地球、月亮系统的吸引以及月球对地球的吸引，就构成了一个三体问题。

1887 年，在瑞典数学家米塔–列夫勒（Gosta Mittag-Leffler）的影响之下瑞典和挪威的国王奥斯卡二世曾经设立了一个数学奖来庆祝他的 60 岁生日。这次竞争吸引了科学界的很大关注，庞加莱以关于三体问题的研究报告投稿并获奖。在此报告中庞加莱本质上证明三体问题和拉格朗日、哈密顿和雅可比的老方法的结果一致，即其长时间动力学是非常规则的。颁奖之后，一个名叫爱德华·弗拉格曼（Edvard Phragmen）的年轻数学家负责核对庞加莱的获奖报告以准备出版。他发现了主要定理证明中的一个错误，并去找米塔–列夫勒确认。米塔–列夫勒写信告诉庞加莱。不久，庞加莱回信说：不仅证明是错误的，结果也是错误的！当然，庞加莱受到重挫。他夜以继日地工作，完全重写了他的研究报告，并得到了与之前完全相反的结果。但是这时候之前的那份研究报告已经送去出版了。米塔–列夫勒召回了已经寄送到世界各地的副本，庞加莱自费重印了报告的新版本，并在 1890 年寄给了录用它的杂志《数学学报》（瑞典）。

为了避开他第一次遇到的困难，庞加莱不得不引入全新的数学方法。后来庞加莱在他的三卷本名著《天体力学新方法》中进一步发展了这些办法。这三本著作出版于 1892—1893 年，至今仍是数学中的经典，特别是最后一卷，它奠定了现代混沌理论的基础。

其中庞加莱引入的一个新想法是运用稳定作用量原理去发现非可积系统的闭轨线。这些轨线是自封闭的，意即它们从任意一个特定状态出发经过规则的时间段后回到同一状态，如同手表一样。这些规则时间段的共同长度称为**周期**，相应的运动称为**周期的**。例如，地球绕太阳的运行近似为周期的，周期为一年。如果没有除了地球之外的其他行星绕太阳运行那么这条轨线恰好是周期的,开普勒的所有定律都会满足。但是由于月球及其他行星的存在,它们以各种方式扰乱了优美的开普勒运动,从而导致真正的运动不是周期的了。

《天体力学新方法》完全致力于所谓的三体问题,也就是描述根据万有引力定律相互吸引的三个物体可能的运动(例如,一个太阳两颗行星,或者一个太阳一颗行星和一颗卫星)。尽管只是涉及三个物体,但已经是一个极其复杂的问题,有很多可能的运动,其中大多数都不是周期的。"那么为什么克服重重困难去寻找周期运动呢?为什么这种稀少且非典型的轨线令人感兴趣呢?"在其著作的扉页上庞加莱以其特有的直率问道,并给出了一个诗意的且再三引用的回答:"周期解之所以如此珍贵,是因为它们是通向这座迄今为止无法进入的城堡的唯一途径。"

他所提及的城堡就是非可积系统的长时间行为。自牛顿以来,数学家和天文学家就一直试图找到关于月球运行的理论,这能帮助他们通过计算提前很久就能预测几百年后才到来的月食。但是太阳对月球的吸引使这成为一个三体问题。很快就碰到在不可积系统中进行长时期的预测的所有困难。在这个著名的论文中,庞加莱指出:周期运动是唯一能够被完整地演算出来,而不必担心计算误差的积累和扩大使真实的解淹没在背景噪音中的运动。事实上,由于这些运动是周期的,它们如同钟摆以相同的速度回到同一位置一样经过规则的时间段穿过同一状态。一个周期运动将会一次(一个周期后)、两次(两个周期后)、三次(三个周期后)回到它的初始状态,事实上,它永不停止。因此,如果我们能够以 1/1000 的精度计算出初始状态,那么毫无疑问地 100 亿个周期之后,系统会仍以 1/1000 的精度回到同一点:误差不会随时间增加。

毫无疑问,上面的论证是优美的。但是怎么能够事先知道一个运动是周期的?我们不会碰到已经让我们烦恼很长时间的相同的计算问题吗?假如说我们仅仅只是跟踪某一条特定轨线,计算机告诉我们经过一段时间这条特定的轨线自封闭,这并不能足够好到能够得出相应的运动是周期的结论。因为计算机会作四舍五入运算,它能够告诉我们的只是精确到小数点后比如说 60 位的初始状态和最终状态。它并没有告诉我们剩余的小数点后的任何信息,这些信息可能正好与计算机告诉我们的数据不同,这些细微的差别可能随着时间的增加而增加。因此,比如说转了100 圈之后轨线远离了初始的状态,从而正如看到的一样,事实上它并不自封闭。

稳定作用量原理指出从几何上讲周期运动不依赖于计算。这样周期运动避开了我们之前描述的易犯的错误,现在已经成为研究不可积系统最有用的工具。我们将通过一个简单的例子来看其如何起作用。让我们回到台球桌,用几何的方法来寻找它的闭轨线,这种方法适用于任意桌面,不论它是不是椭圆的。

我们将从台球桌最简单的周期运动开始,也就是那些在两点之间来回弹碰的运动。一个例子如图 15 中的弦 *AB*:台球在 *A* 处碰撞桌面边缘然后沿 *AB* 弹回,再碰

撞 B 处然后再沿 BA 弹回，如此循环往复。对此运动根据反射定律，入射角等于出射角，这蕴涵弦 AB 在端点 A 和 B 处垂直于桌面边缘。任意具有这种性质的弦称为台球桌的直径。如果桌面是圆形的，每一条通过中心的弦（端点在桌面边缘）均为一条直径，所有的直径都是等长的。如果桌面是椭圆的则恰有两条直径，一条长于另一条。我们将证明任意凸桌面仍有两条直径，因此相应的台球至少有两个周期运动，其中每个周期内恰好碰撞两次。

　　大的直径容易找到。取桌面上两点 M_1 和 M_2 试着推开它们使它们相距尽可能远。恰好有一个位置使得它们之间的距离是最大的（交换 M_1 和 M_2 得到另一个位置，但我们对它们不加区别）。记这一位置为 AB：这就是我们的大的直径。直观上这是清楚的，可以从数学上证明 AB 在其端点垂直于桌面边缘。

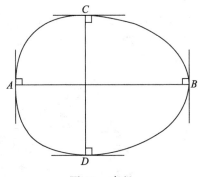

图 15　直径

称一个桌面为凸的，如果从其边缘任一点能沿直线到达任一点，而在中间不碰到桌面边缘。这样的桌面通常有两条直径，一条大的（AB）和一条小的（CD），点 A 和 B 是边缘上相距最远的两个点。点 C 和 D 是否有类似的特征呢？

　　寻找小直径用到另一个很不一样的方法。看图 15，直观上很清楚必有另一个位置 $M_1 M_2$ 垂直于桌面的边缘。但我们如何找出它？第一个想到的办法是最小化 M_1 和 M_2 之间的距离而不是最大化，换言之找出一个位置 $M_1 M_2$ 其中 M_1 和 M_2 尽可能接近。这样的位置很容易找到，而且有很多：仅仅只是将 M_1 和 M_2 放到一起，$M_1 = M_2$，于是它们的距离为 0，这是它们能达到的最小距离。这样的弦 $M_1 M_2$ 只是一个点而不是我们要找的直径，因此这样的讨论无效。

　　我们需要其他的办法。事实上我们需要的是现代数学中一个非常典型的定理[①]，下面用通俗的语言解释一下：在一个具有两座山峰的岛屿上必定有一个山路点（或更多）。这被称为"山路定理"。理解这为什么是正确的一个方法（尽管我们离数学证明还很远）是去想象一条由此二山峰间经过的路径。在爬山的实践中，这条路将

---

① 这个定理可以追溯到俄国数学家 L.A.Lyusternik 和 L.Schnirelman.的开创性工作。

会是尽可能地低（如果可以避免，没人愿意沿高处爬山）。沿着此道路上升到最高点再降到山的另一边。那个最高点就是一个山路点。

我们能做得更好：我们能根据山峰数精确地说出山路点数。这可能看起来很奇怪：一个具有三座山峰的岛屿会具有两个或者三个山路点，因此山路点数看起来与山峰数无关。然而，关键在于观察到第一种情况下三座山峰是排成一列的，因此水能够顺着山脉倾泻入海，而第二种情形下三座山峰围绕着一块区域，在此区域之外水不能流动从而形成一个湖泊。我们所寻找的关于山路数、山峰数和湖泊数的关系的公式，也就是①

山路点数 ＝ 山峰数 ＋ 湖泊数 － 1

例如，存在只有一座山峰突出海面的岛屿。很显然这些岛屿既没有山路也没有湖泊，公式即为 0 = 0。另外一个例子，若一个岛屿只有三座山峰没有湖泊那么它有两个山路点，但若它有一个湖泊则必有三个山路点。若它有两个湖泊则必有四个山路点。（请试着想象这个岛屿：第四个山路点位于两个湖泊之间）。湖泊越多，山路点越多。

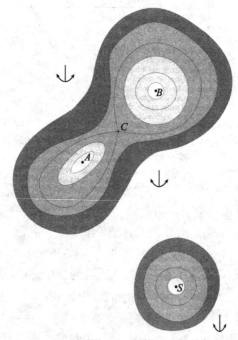

图 16　岛屿

在上面的岛屿上有两座山峰 A 和 B，在它们之间必有一个山路点：在这个点上水平线相交。在下面的岛屿上只有一座山峰，因此不可能有山路点。

---

① 这个公式有一段很长的历史，从欧拉开始到莫尔斯为止。

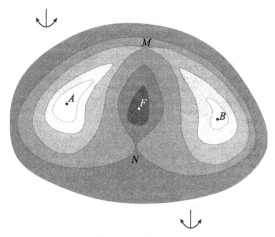

图 17　欧拉公式

这是一个更复杂的岛屿：两座山峰 A 和 B 和一个内陆盆地 F。欧拉公式为 2+1−1=2 个山路点，这两个
山路点分别在点 M 和 N 处。

　　这些山路点如此吸引人的原因如下：它们不是最高点（山峰更高），它们也不是最低点（它们高出海平面）。但它们和最高点和最低点具有同样一个特殊的性质：在每一个山路点地面是水平的，如同在圆形山峰的顶点或者圆形坑的底部一样。理论上，若将一个球置于该点它将在那儿呆着不动，处于平衡状态。若将它轻轻推一下或者一阵风吹它，它将开始向下滚到山的另一边。但在山路点上球将保持不动仿佛它不知道沿哪个方向滚动一样。这是地理学上的稳定点①：数学家会将上述性质简单地表述如下：山路点是高度的稳定点（山峰是高度的最高点）。

　　所以寻找作用的稳定点归结为寻找特定数学山脉的山路点。这就是为什么试图应用莫培督原理时山路定理非常有用的原因。比如，在凸台球桌情形之下，你能够构造一个具有两座山峰的岛屿，第一座山峰对应于大直径 AB，第二座山峰对应于同一直径，只是取另一方向的 BA。如同我们之前看到的，这个岛屿上某处必定有一个山路点，它对应着 M_1 和 M_2 的一个位置使得 $M_1 M_2$ 垂直于桌面的边缘，即桌面的小直径。

　　数学的精确论证请见附录一。这儿的要点在于它是纯几何的：完全没有计算，没有代数计算，只是关于岛屿一般形状的讨论。它是"软"几何，意味着论证中的一切都不依赖于某个距离必须精确等于另一个距离、某个角度假定为特殊值、或者线必须是直的，而欧几里得的"硬"几何都是关于圆周和三角形的，它的结果决定性地依赖于特定的边或角度的相等。在这里将山峰变高一点，或者将其旋转或移动都不会使山路点消失。从硬几何到软几何的转化是非常典型的现代数学。庞加莱在

------

① 稳定点的定义见前面章节。

他关于天体力学的伟大论文中宣布：对比于硬的、量化的、计算的方法，他在标题中间接提到的"新方法"是软的、定性的、几何的方法。

因此，运用山路定理我们已经找到了我们正在寻求的小直径[①]。它对应于一种周期运动，其中球沿着那条直径来回弹性碰撞。其他的周期运动也可以用同样的方法找到。比如，我们在桌面边缘上选出三个点 M_1、M_2 和 M_3 使三角形 $M_1 M_2 M_3$ 的周长是可能的三角形中最长的，那么存在一条闭轨线，它在每个周期内弹性碰撞三次，一次在 M_1，接着在 M_2，最后在 M_3。同样，每种情形都有一条闭轨线是由最大化方法找到的。但将有第二条是由山路点的论证得到的，它对应着总长度的一个稳定点。最终的结果是这样的：对每个素数 p 和正整数 q，存在两条闭轨线，在每个周期内它们碰撞桌面边缘恰好 p 次并旋转 q 圈。

再次惊讶于这种方法的威力。它能应用于任意台球桌，只要桌面是凸的，即桌面边缘上任一点能够在桌面内沿直线段连接到另一点。它不需要计算，不必担心在确定初始碰撞时产生的任何初始误差会随时间累积或放大。这些都是更不平常的，因为如我们前面提到的，非椭圆台球桌情形是混沌系统，周期解是不稳定的。如果我们不是精确地从周期解开始，而是偏离它一点点，相应的运动将会偏离周期解，开始时比较慢，接下来越来越快，最终两者之间毫无关联。寻找这种不稳定的周期解真是一门绝技，它展示了稳定作用量原理的威力。

在台球桌情形，如莫培督所定义的作用量只是轨线的长度。具有更复杂定义作用量的更复杂的系统又会是什么情形？稳定作用量原理仍能用来找到周期运动吗？比如假定台球桌不再是平坦的，而是布满了凸起的块，使得球不得不爬上去又加速滑下。设想球被一面弧形翘起的墙围着，如同滑板滑冰场一样，使得球不与墙碰撞，而是在它落回桌面之前向墙上攀爬。轨线将不再是在尖角发生弹性碰撞的折线，它们将是光滑的曲线。它们从凸块上滑下，当它们到达桌面边缘后突然滑回桌面中，非常像是一个玩滑板的人：速度不再是常值，速度会在下坡时加快而在上坡时变慢，速度越快它在这面限制墙上爬得越高。

在这种情形下寻找周期运动要比简单的台球情形复杂得多。有两个主要的困难：第一个是必须考虑球速：你沿同一个方向以两个不同的速度击出球得到同一条轨线的情形不会再发生。速度不会影响球碰撞桌面边缘的方式，但它会影响球离开"限制墙"之后的路线。在简单台球情形，每一条轨线完全由第一次碰撞的位置和

---

① 我们已经发现的可能比我们正在寻找的更多。事实上，山路定理告诉我们岛屿上至少有一个山路点。但如我们所见，可能有几个山路点。在那种情形下，每个山路点对应着 M_1 和 M_2 的一个位置使得 $M_1 M_2$ 与桌面边缘垂直，即它是桌面的一条小直径。从而可能共有几条具有不同长度的小直径，对应着不同山路点的高度。这样的话，岛上可能有多于两座山峰，这种情形下每座山峰对应着桌面的一条大直径。因此可能有几条具有不同长度的大直径，它们分别对应着不同山峰的高度。比如想象一下使四个角变圆的菱形桌面：它有两条大直径和两条小直径。

方向决定：这是两个数值。而在第二种情形下不再有边缘让球碰撞，只有弧形翘起的墙让它去攀爬，因此现在给出它的初始位置需要两个数值，第一个描述球在墙的哪一个位置，第二个描述球爬了多高。另外为了精确地描述球的运动，我们必须给出球的速度和方向，即初始速度的两个数值和初始位置的两个值，这意味着相对于简单台球情形只需要两个数值而言，现在指定初始状态需要四个数值。换言之，从简单台球情形转到这种情形将我们从二维空间带到了四维空间，真正复杂的力学系统可以有更多维度，但是除了受过训练的数学家，要剥夺任何人直觉的帮助，四维就足够了。

　　另一个主要的困难是我们不再有任何关于闭轨线看起来如何的暗示。在简单台球情形我们知道这些轨线只是连接桌面边缘碰撞点的折线段。在这种更复杂情形下完全不像那样，球不再直线运动也不再在边缘碰撞。这意味着轨线将会更加难以描述：大家不再满足于寻找边缘的影响，所有完全在台球桌内的闭曲线在研究闭轨线时都要纳入考虑，你必须区分哪一条或哪些条闭曲线满足稳定作用量原理。

　　在庞加莱的时代这些困难不可能被克服。但在大约一百年后的今天，必要的数学工具已经发展出来，使得我们能将稳定作用量原理应用到非常一般的系统。但是同时也产生了一些意想不到的结果，其中最惊人的当属 1980 年由米哈伊尔·格罗莫夫（Michael Gromov）发现的经典力学中的测不准原理。海森堡（Heisenberg）的测不准原理在量子物理学中是众所周知的，但是曾没有人相信在经典物理学中会有一个类似的原理。除了小圈子的专家之外，这仍然是太新了，但一旦它传播到科学界，我相信它将如同在量子物理中的前辈一样吸引众多的注意力。总之，这是关于现代几何与稳定作用量原理的成功故事，值得一提。

　　我们将利用台球问题来展示这一理论。取一个边缘有衬垫的凸桌面，一个可在弹性衬垫碰撞的台球。如前所见，任意一条轨线完全由两个数 x 和 y 确定，其中 x 表示在衬垫上碰撞的位置，y 表示入射角。从初始碰撞（x_1，y_1）开始，我们得到第二次碰撞（x_2，y_2），接着（x_3，y_3），如此继续下去，于是单条轨线归结为 360×90 矩形中的一个无穷点列，这就是我们之前在第四章所称的第二种几何表示。

　　但现在我们介绍一个新想法。初始值 x_1 和 y_1 不可能测量到无限精确：测量中我们能做到多精确依赖于我们所使用的工具，更加精确我们做不到。因此真实的初始位置 x 和 y 不是我们所记录的 x_1 和 y_1。用 Δx_1 和 Δy_1 表示它们之间的差别。若我们现在用（x，y）表示 360×90 矩形中的一个点，那么真实值（x，y_1）位于以（x_1，y_1）为中心，以 Δx_1 和 Δy_1 为长和宽的小矩形内。我们称之为围绕（x_1，y_1）的不确定区域，不确定区域越小我们的测量越精确。自然地，考虑用区域的面积，即乘积 $\Delta x_1 \Delta y_1$ 来度量精度，我们将用这个数来表示测量值（x_1，y_1）的偏差。

　　我们不作进一步测量，仅仅是计算台球的轨线。我们将假定我们能够计算得要多精确有多精确（无限精确）。如前所见，这在实际上是不可能的，因为计算机不可能作无穷多位运算，必须在小数点后某一位作四舍五入。但让我们进行一个理想的实验，例如想象上帝碰巧借给了我们一台他自己的计算机，能在每一步作无限精确的计算。因此唯一可能产生误差的地方在于我们对初始值的测量：这点在整个计算过程中我们必须予以考虑。

确切地说，从测量值（x_1, y_1）开始，第二步我们找到位置与角度（x_2, y_2）。由于第一次碰撞的真实值（x, y）不恰好是（x_1, y_1），而是位于围绕该点的一个不确定区域内，第二次碰撞的真实值（x, y）不恰好是（x_2, y_2），而是位于围绕该点的一个不确定区域内。没有原因表明为什么第二个不确定区域必须是矩形，尽管第一个不确定区域是矩形：它的形状将经常改变，在一个方向伸长另一方向缩短。但是，一个惊人的事实是：19 世纪法国数学家刘维尔（Joseph Liouville）发现，不确定区域的面积不变。

虽然围绕（x_2, y_2）的不确定区域的形状不再是矩形，我们仍记它的面积为 $\Delta x_2 \Delta y_2$，把它看作（x_2, y_2）的偏差。但是注意这里 Δx_2 与 Δy_2 自身不再有任何意义。于是刘维尔的发现可以用简单的等式表示为 $\Delta x_1 \Delta y_1 = \Delta x_2 \Delta y_2$。这一数学关系表明这样一个事实，偏差从第一次碰撞传递到第二次碰撞；初始的信息既没有增加也没有衰减（记住，我们仍在使用这台可以不必在小数点后某一位四舍五入掉无穷多位数字的超凡计算机）。偏差也将被传递给第三次、第四次碰撞等：在第 n 次碰撞，关系式 $\Delta x_1 \Delta y_1 = \Delta x_n \Delta y_n$ 仍然成立。偏差在每次碰撞中保持不变，当然直到我们用了新的测量工具，用更好的工具可以减少 $\Delta x_1 \Delta y_1$。让我们不严格地表述这一事实如下：

经典力学第一测不准原理：信息不能被创造出来。只有测量而不是计算能减少误差。

让我们研究一下第一测不准原理的一些推论。比如，不可能设计一个完全关注于球的台球桌，即它允许我们比对第一次碰撞的测量更精确地预测球将来的位置和方向。一个看清这一点的简单的方法就是注意到偏差 $\Delta x_n \Delta y_n$ 固定在它的初始值 $\Delta x_1 \Delta y_1 = u$，如果我们能设计一个桌子使得我们能极其精准地预测到第 n 次碰撞的位置 x_n，则 Δx_n 相对于 u 非常小，从而为保持乘积 $\Delta x_n \Delta y_n$ 不变，Δy_n 相对于 u 将变得非常大，那么关于入射角 y_n 的预测一定会非常糟糕了。

遗憾的是，尽管这些讨论非常令人信服，却是不正确的，因为没有原因表明为什么（x_n, y_n）的不确定区域会看来像一个矩形，因此 Δx_n 和 Δy_n 的意义不清楚。我们可以想象用 360×90 矩形中绕（x_n, y_n）的一个口袋来补救这一点，比如口袋为长为 Δa 宽为 Δb 的矩形使得它的面积 $u = \Delta a \Delta b$，玩家试图把球击进去。他的初次击球点为（x_1, y_1），n 次后到达（x_n, y_n），口袋的中间点。不幸的是，尽管玩家知道（x_n, y_n）这一点，他不能设法刚刚好投到这一点而只是接近这一点。初次投点的偏

差 $\Delta x_1 \Delta y_1 = s$ 衡量了玩家的技巧，偏差越小表明玩家越熟练。

n 次之后，围绕预测值（x_n, y_n）的不确定区域的面积仍为 s，同指定口袋的面积 u 相比，如果 u 小于 s，即若玩家还不够熟练，那没有办法把不确定区域完全放入口袋：它太大了，因此（x_n, y_n）的不确定区域必有一部分在口袋之外，意味着相应的这一投没有命中。玩家分不清这些没命中和命中的投球之间的区别：它们都从他的不确定区域开始，他以同样的方式投，但是其中只有一定比例成功了，他不能始终如一地命中目标。

这个论证不依赖于台球桌的形状，因此我们得出结论：不可能设计出一张球桌使得球正对着指定的目标。换言之，第一测不准原理告诉我们没有球桌能弥补玩家技巧的不足。

现在让我们走得更进一步，想象一下不是一个球而是几个球同时在同一张台球桌上运动，比如有 N 个球。两次碰撞与衬垫之间的轨线是直的，速度为常值都不再成立：它们可能和另一个台球在桌面内部碰撞，于是它们中每一个以另一个方向和速度继续运行。碰撞后的方向和速度是完全确定的，如同在衬垫上的一次碰撞一样。因此 N 个球的轨线由它们的初始速度和位置完全决定。

这些初始位置和速度不是完全知道的：其中每一个都有一个围绕着测量值的不确定区域。和前面一样，这个区域的面积称为初始偏差。比如第 n 个球的初始偏差将记为 u_n，有着与前面一样的意义：u_n 越小，初始位置和速度的测量值越精确。

第一测不准原理不是单个地应用于每个 u_n，而是它们的和 $u_1 + u_2 + \cdots + u_N$，我们记之为 U，称为总偏差。更准确地，它是初次的总偏差，当运动开始时，时刻 $t = 0$，但根据第一测不准原理，这个量固定在它的初始值，因此将来任意时刻 t 它都等于 U。

再加一个特性是：尽管现在运动更为复杂，U 将保持不变，想象一下当许多球放在桌面上同时运动时发生的所有碰撞。但它带给我们一丝希望：U 必须不变，但单个的 u_n 可能改变。它们中所有的皆可能变化——事实上所有的都确实变化。唯一要求的是它们的和是同一个值 U。换言之，它们不得不彼此互相补偿：若其中一个减小，另一个必须增加。假设我们现在关心的不是桌面上所有的球而是它们中的一个球，比如第一个球，它是黑色的，其余所有的球都是白色的。有没有可能设计出一种台球桌使得它减少黑球的偏差 u_1 同时增加白球的偏差？因此 u_1 将减少而 u_2，$u_3, \cdots, u_N$ 将增加，保持 $u_1 + u_2 + \cdots + u_N$ 固定在它的初始值 U。结果对白球我们将知道的比初始时刻更少，但我们并不在意，因为我们只对那个黑球感兴趣，也许因为它是我们必须投入口袋的那一个球。

根据第一测不准原理，这似乎可以一试：将白球的信息转移到黑球上。不幸的是这办不到。本质上这是第二测不准原理的内容，它是由格罗莫夫发现的。

经典力学的第二测不准原理：信息不能被转移。给定 N 个球的初始不确定区域，则存在一个数 r 使得黑球的不确定区域任何时刻都不能包含于一个半径为 r 的圆盘内。

一些讨论随之而来。首先，陈述中的 r 依赖于初始的不确定区域：这些区域越小（从而桌面上每个球的位置和速度知道得更精确），则 r 越小（将来对黑球的位置和速度作出的预测也更好）。格罗莫夫的原理并没有告诉我们有一个一般的极限，在此极限之下我们的工具将永远不能达到。它只是告诉我们，依赖于我们初始观测的质量，我们对黑球将来行为所作的预测的精度有一个极限。没有办法设计出一种系统使我们在失去对其他所有球的跟踪的时候无限增加我们对黑球位置和速度的了解。

但可能的情形是黑球的偏差 u_1 无限地减少，最终小于任意给定的值。这并不与第二测不准原理矛盾，因为数值 u_1 只是不确定区域的面积，它告诉不了我们关于区域形状的任何信息。我们能有——事实上我们确实有——这样的区域，其面积很小但不能包含于一个小圆盘。想象一个形状象又窄又长的带子的区域。我们可以使它的面积任意小，只是使它更窄，而且它占有的空间可以任意大，只是通过伸长它。比如若我们伸长它到长度为 L 并使它变直，那么我们将需要一个半径为 $L/2$ 的圆盘来装下它。因此黑球不确定区域可能仍然太大而不能含于半径为 r 的圆盘，尽管 u_1 越来越小并趋向于零。

第一测不准原理告诉我们，不可能制造出一个台球桌来弥补一个蹩脚的玩家的游戏技巧。第二测不准原理告诉我们，不可能如此巧妙并准确地在桌上放置其他球使得它们可以弥补一个蹩脚玩家的游戏技巧。这两条原理可以延伸到更一般的情形：经典力学中的所有系统均服从这两条原理。它们都和稳定作用量原理有密切联系。但是，论证将变得非常有技巧性，有兴趣的读者请参看附录二。在莫培督形而上学的观点已经被彻底击败的时候，他在力学中的观点却获得了最终的胜利，这太令人惊讶了！让我们以此结束本章。

第六章　潘多拉的盒子

关于莫培督的宏伟观点已告一段落。他认为物理法则正努力将被称为作用量的神秘支出量减少到最小。莫培督把这视为智慧设计的明确证据：物理法则只是表达上帝造物时的目的。不幸的是，我们发现最小作用量原理这个词并不恰当；它应被称为稳定作用量原理。形而上学出现了：稳定作用量原理不像最小作用量原理那样已经存在现成的解释。莫培督可以就作用量这个神奇的量写出宏篇大论，这种量如此珍贵以至于整个自然秩序都致力于尽可能地节约它。当自然被证明不是减少它使用的作用量而只是试图使其稳定时，就很难那样说了。稳定点有什么重要性呢？它们就像山路点；既不是高点（最高），也不是低点（最低）。

比如，光线不会选择从一点到另一点的最远的路，这一点当光在镜面上反射时可以很容易看出来。回到图 5，我们看到 AOB 比其他任何射到镜面的路径都短，如 AMB，我们总结到，从 A 到 B 的光线沿 AOB 走是因为它是最短的路线。但这很明显是错误的：如果光线或任何事物在设定路线时真正致力于减小旅行的时间，它会从 A 直接到 B，而不会在镜面上反射。如果我们在 A 与 B 之间放一屏障从而使 A 不能直接照到 B 又会怎么样呢？如果莫培督所说的最小作用量原理是正确的，光线会选择从 A 到 B 的最短路线：光不会到达镜面，它直接从 A 到达屏障的底部，然后升起到 B。我们知道这在自然界中不存在。从 A 到 B 有两条光线，直接从 A 到 B 的光线 AB 和反射的 AOB，这就是为什么 B 看到了 A 本身和 A 的像，即它在镜面上的影像。如果在 A 与 B 之间放一屏障，就只剩下反射的光线了，B 只能通过镜子看到 A。在两种情况下都存在的光线 AOB 从来都不是最短路线。

但我们看到，即使最小作用量原理不成立了，稳定作用量原理仍然成立，在前面几章中，我们已经描述过稳定作用量原理的许多用处。因此仍有谜团需要解释：光线怎么知道走哪条路线？当我们不知道稳定点的时候，它是怎么知道的？是光子计算出所有可能路线的作用量后选择一条正确的吗？在这一章里，我们将试着解释这一点。这将使我们意识到稳定作用量原理只在一定范围内成立。在稳定作用量原理之上或之下的层面是由完全不同的原理统治着世界。

稳定作用量原理来自哪里？它可以用基本的物理法则解释吗，或者我们可以假设自然界中存在某种神秘的目的感吗？这是克莱尔塞利埃提出而费马在 1662 年回避了的问题。1677 年，惠更斯找到了一个答案。那时候很多人，包括笛卡儿、牛顿这样的智者也认为光是由坚硬的穿越空间的小粒子组成的，认为光线只是这些粒子的单个轨道。但惠更斯认为空间不是空的，而是充满了不可见的媒介，光是由在空间中传播的振动组成的，就像浪在水面涌动一样。

如果你往水池中扔一颗石子，你会看到圆形的波浪从接触面散开，在水面上扩散，被岸吸收或反射。这个图案不是来自整体设计，而是来自局部作用。一旦这颗石子在 O 点创造的扰动到达水中某点，如 P 点，它就会起到新的扰动源的作用，向各个方向散开波纹。如果我们在池塘上放一个在 P 点有一个洞的屏障，这样所有从 O 点发出的扰动，除了到达 P 点的以外都被挡住，就像一块新的（更小的）石子扔向 P 点。如果把屏障移开，这种图案就会消失，因为它不得不被添加上从所有其他点散开的相似图案。水的波动从这些点开始。最终的结果是形成从中心点 O 散开的圆形波纹这一原始图案。它的出现不是因为从 O 点散开的波纹经过水面时它没受到干扰，而是因为它们在沿途创造的干扰除了一个方向的以外其他都抵消了。这些波纹又在后面留下了大量新的源头，这些源头互相影响，从整体上来说，我们看到的唯一一个是位于 O 点的最初的那个。

这是波和粒子的一个基本区别。粒子通常相加：如果你把两个粒子放到一个箱子里，箱子里就有了两个粒子。波通常不相加：如果两个波放到一个箱子中，就会变成一个更加复杂的波。你甚至会什么都得不到：两条波可以相互抵消。找出了相互作用规则之后，惠更斯发现从 O 点起源的最初的波动，就像向水中扔一颗石子，所引起的波沿从 O 点散开的直线传播。在光学中，它们被称为射线。这些射线为直线的数学原因是它们是长度的稳定点。在很多情况下，它们甚至更好，它们是长度的最小值点。拥有同样端点的其他路线长度更长，虽然这个事实本身并不重要，只有稳定性重要。我们确实把每条路线同它相邻的路线对比；如果长度方面的差别足够小，则无论这个差别是正的还是负的，路线总是稳定的。拥有那一特性的所有路线被认为是光的射线。这就是光反射到镜面上的情况，光通过不同的路线到达同一点，直接的和反射的。

惠更斯被证明是正确的。光确实由波组成，不同波长对应不同的颜色，他的解释为光线沿稳定路线前行提供了坚实的物理基础。但经典力学又怎样呢？为什么稳定作用量原理对实体也起作用？台球确实不是波吗？伟大的理查德·费曼（Richard Feynman）在 20 世纪中期有了一个大胆的想法，这也是他典型的思维方式：实体随意地选择它们的路线。这种随机性在电子这样的小实体中可以被发现，在更大的实体，如台球中不容易被发现，这是因为相互抵消，这同光线传播中的相互抵消非常相似。

设想一个实体，小的如电子，大的如台球，从 A 点到 B 点。它会选择什么路线呢？我们从经典力学得到的答案是在无任何外力的情况下是一条直线。费曼的答案是：任何从 A 到 B 的路线都有可能，从直线到你能想象到的最弯曲的路线，但

它们的可能性并不相等。要找出某一路线的可能性有多大，需要计算沿路的作用量
（对，经典作用量，正如莫培督、欧拉、拉格朗日、哈密顿、雅可比等前辈所定义
的）。但是，概率不相加，如同在经典概率论中一样；它们相互影响，如同在光线
传播理论中一样。最有可能的路线是从相邻路线中得到最少干扰的那条。如果诉诸
数学的话，人们发现它们正是使作用量稳定的那些路线，即经典力学将说明的那些
路线。

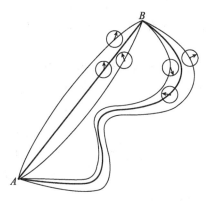

图 18　费曼原理

根据费曼对亚原子物理法则的解释，一个从 A 到 B 的粒子不是如经典力学中那样被限制在直线段 AB
上。任意连接 A 和 B 的曲线皆有可能——但它们不具有同等可能性。沿着每一条这种曲线，经典作用
量可以被算出来，它会被一个很小的数 h 除，结果是一个非常大的数，这个数被解释为一个角度。这
幅图给出了 6 条这样可能的路线和相应的角度。若路线离直线段 AB 很近（图中上方 3 条路线），它们
的角度几乎是一样的。若不是这样的（下面 3 条路线），它们的角度不同——差别与粒子的质量成比例。
在费曼的解释中，通过加上相邻路线的角度来计算给定路线的概率：在第一种情形，所有的贡献都是
相同的方向，因此它们相加，而在第二种情形，它们沿不同的方向，因此相互抵消了。所以对大粒子
和所有的宏观物体，极大可能发生的路线是那些在直线段 AB 附近的路线，这正是经典力学中所发生
的情形。

　　在费曼的理论中，所有的路线都有可能；经典路线只是比其他路线更有可能。
又一因素参与进来：普朗克（Planck）常数 h，这是个极小的数。非经典路线发生
的概率，即实体不遵循经典力学的路线的概率为 h/m，其中 m 为它的质量。换句话
说，这种可能性只有当 m 非常小的时候才有意义，只有在亚原子范围内才有意义。
还从来没有观察到比原子大的物体违背经典力学法则。另一方面，电子很有可能偏
离经典路线，至今已被很多实验证明。实际上，电子的路线不能预测。我们可以做
到的最好的程度就是根据费曼的法则，计算各个可能路线的概率。这些可能性的理
论价值已经通过实验的检验，达到了很高的精度。

　　我们用另一个谜团来结束对一个谜团的解释。克莱尔塞利埃的问题有答案了，
不论是光还是石头都不选择那条使作用量稳定的路线。实体，像原子或石头，根据

一定的概率选择它们的路线，这些概率可以提前计算。为什么是这样的？现在这成了一个新的谜团。为什么抓阄？根据爱因斯坦的名言，上帝不掷骰子，至少，人们没发现他掷骰子。但是我们现在所说的电子路线是不可预测的，即使准确知道世界的状态并且拥有无限的计算能力；我们所能做到的最好程度是计算电子走这条路线或那条路线的概率。除此之外，我们一无所知；为什么选择这条路线而不是那条路线的原因对我们来说仍然是个谜。

这有效地否定了莫培督关于现实世界是可能的世界中最好的世界的观点。我们不再说存在一种被称为作用量的量，所有自然运动都努力使其最小或稳定。我们只说自然运动按照一定的概率随机发生。当然，这不存在最优化思想，没有理由相信这个各种事件真实发生的世界比其他可能的世界更好。当随机性统治世界，当事物的发生没有明确的原因时，就找不到最优化的意义了。如果存在上帝，那么他在物理法则范围内没留下痕迹；或者即使留下了，他也把它们隐藏得很好。

非常奇怪的是，随机性也在更高层面上发生，比如我们自己。这是与混沌理论相联系的不同的随机性：我们不关心没有明显原因的事情，比如电子走这条路线而不是那条路线，而关心可由极小的原因引起的事情，如旋转的骰子最后落在这面而不是另一面。这样的话，经典力学（包括稳定作用量原理）看起来只在非常小的范围内起作用，处于亚原子层面（由量子力学和费曼的概率论统治）和人类层面之间（由热力学和衰减的熵统治）。

的确，在我们的层面上，经典力学法则被极大地理想化了。前面章节中提到的永不停止的绕桌运动的理想台球和几次反弹后慢下来、停下来的真正的台球之间不相似。伽利略永远不丢失能量的、永远摆动的钟摆是理想化的。最多就是在极小心和可控制的环境下，可以使运动持续几小时，但最终它会被作用于钟摆的各种摩擦停止下来。事实上，把一个钟摆变成测量时间的工具非常困难；伽利略没有取得成功，惠更斯是第一个利用这一原理制造钟表的人。

经典力学法则和我们对于自然的经验之间的大多数差别可被置于一个共同的标题下：时间的不可逆性。我们身边发生的大多事情都以一定的顺序发生，不可逆。我们变老，没有办法再变回年轻。如果给我们同一个人的两张照片，我们可以分辨出哪一张是近照。假设我们看两部用勺搅拌咖啡的电影。在第一部中，倒入咖啡的一滴奶开始散开，在第二部中，一杯棕色的混合物分离成黑色液体和白色液体，并从杯中跳出来。我们很清楚哪部影片往回倒了；我们也知道在现实生活中，一旦把奶溶进咖啡就永远不能把它们分开了。这种不可逆性（已故的斯蒂芬·杰·古尔德（Stephen Jay Gould）称之为时间之箭）在经典力学中不会发生。没有什么比在理想的桌子上使台球倒退的运动更简单的了：只要把球沿它来时的方向送回，它就会很好地折回它的轨线。

　　这样我们就有了一个新的谜团:怎么将我们的基本生活经验,比如时间不可逆,同没有这种区别的经典力学法则,包括稳定作用量原理联系起来?

　　为了使这种矛盾更明显,让我们来做一个称之为潘多拉(Pandora)的盒子的思想实验。潘多拉收到一只密封的盒子,并被严格命令不要打开。她不知道盒子里面是什么,盒子里实际上装的是一些非常特别的稀有气体称为魔烟(imaginum)。魔烟像其他气体一样由大量速度不同、四处飘动、互相碰撞的分子组成。潘多拉非常好奇,想知道盒子里面到底装的是什么,她打开了盒子;令她伤心的是盒子里的魔烟——一种蓝色气体马上飞了出来。她关上房门从而使房间封闭,她开始思索怎样使气体返回盒子。

　　让我们简化一下,设想房间中没有空气,所以魔烟飘入一个真空的空间,那么潘多拉的盒子中则剩余了一些魔烟:当盒子中和屋子中的压力相等时流动停止。当潘多拉打开盒子时,那些处于盒子顶部的分子就有机会被其他分子推出盒子而进入房间,它们一旦进入房间就不太可能返回盒子,因为房间中没有分子推动它们。更多分子将跟随它们进入房间,整个过程将持续到房间里的压力和盒子里的压力相同,即盒子顶部的分子被推进房间和推入盒子的机会相等为止。

　　从那时起将出现平衡;即不会再有进一步变化。分子仍会四处游荡,有时速度很快,它们可以找到从房间进入盒子的路,有时则反之,但魔烟的压力保持一致,因为这是统计的平均水平。

　　至少,这是常识所告诉我们的。潘多拉无法使魔烟返回盒子,她做过的事情不可能撤销,她应该准备承担后果;这就是时间之箭。但数学家却给我们讲了个不同的故事。　根据庞加莱的著名定理,魔烟最终将自动返回盒子。潘多拉需要做的只是耐心等待,直到所有的蓝色气体返回盒子,盖上盖子。两者不存在更明显的矛盾。一方面是不可逆的时间:过去永远失去了。另一方面是循环的时间:最终,事情将返回它原来的样子。这一观点的基础是什么呢?

　　虽然庞加莱的定理同我们的直觉相悖,它正确的理由也很容易理解。想象开始的时候,盒子里的压力非常低,低到实际上只有少量分子四处游荡。假设只有一个分子,房间又非常小;离开盒子后,这个分子会毫无目的地四处游荡,探索房间的每个角落,如此漫无目以至于实际上它最后找到了返回盒子的路。这有点像个醉汉,漫无目的的地走着,敲着路过的每一家的门;他最终将会找到回家的路。现在让我们增加分子的数量。假设潘多拉打开盒子时,有 10 个分子在相互碰撞。它们会像第 1 个分子那样来来回回游荡;它们将在找到回去的路上花费些时间,但是在未来的某一时刻它们又都会重新回到盒子里。也可能在某一时刻,1 个在房间中,另外 9 个返回盒子。实际上什么事都可能发生,而且如果等待足够长的时间的话,都将会发生。现在,让我们不设想 10 个,让我们设想有 100 个,1000 个,一直到

10^{23} 个，1 后面加 23 个 0。这是正常状态下半升空气大约可盛的分子数。以下同样的论点成立：可以期待最终所有的分子返回盒子。所以潘多拉只需耐心等待。

当然，对于潘多拉来说，关键是时间。要看到魔烟返回，潘多拉必须要做好等待很久很久的准备，这个时间超过宇宙可以预测的存在时间。在短时间内，在几十亿年中，这种变化不会发生。对于数学家，这当然没什么不同，但对于人类，尤其是潘多拉，这却有很大的区别。庞加莱的定理是正确的，但对我们没有帮助。时间之箭在我们这个层面上存在，因为我们所面对的事物是巨大的集合体，在它们显示出折回过去历史的任何趋势前早已消失。

所以这是不可逆性的第一个原因。还有一个。我们再来玩台球，这次有 3 个球。正如我们之前指出的，这个系统明显地对时间之箭不敏感。比如，如果我们让 3 个球折回它们的路线，只需要把它们倒转过来沿着来时的方向折回。它们会折回它们的路，即时光倒流：如果没有东西阻挡的话，1 分钟后它们会精确地回到 1 分钟前它们所在的位置。

情形不是这样的：没有办法折回台球来时的路线或者找到 1 分钟前它们的位置。这个谜团的关键在于"精确"这个词：这个词属于数学，不属于物理。没有任何一个物理学家可以保证两个量"精确"相等。他给出的所有值均是测量的结果，都有误差存在的空间，这取决于使用的测量工具。使球沿着精确的方向以完全相同的速度折回是不可行的。所能做到的最好程度是几乎沿着来时的方向，以基本相同的速度折回。这足够好吗？

答案是不，原因是因为台球的一个特殊特点，这个特点是它同许多其他系统共有的，并且是混沌理论的核心。主要因为球之间的碰撞，最初的小误差可以随着时间的推移而迅速增大。结果是我们在使球折回时所做的任何调整（必定有，即使如果因为极度幸运而没有的话，但我们怎么会知道呢？）将会使它偏离原来的轨道，所以经过一些碰撞后我们观察到的轨道将同原始的轨道完全不同。实际上，系统非常敏感以至于牛顿引力也会影响它。令人惊奇的是，多次碰撞后，桌边的人们的存在将会影响轨道。如果我们想做得更好，并且在整整一分钟内都跟踪一条轨线，我们将不得不把街上的行人或正在空中飞行的飞机都考虑进来。这意味着没有希望重建过去的轨线：对于所有实际应用来说，这个系统同扔骰子游戏一样具有随机性。

在潘多拉的盒子和台球这两个例子里，系统的现状包含了重建历史和预测未来轨线的必要信息仍是正确的。但是，这个信息是不可逆的，从而创造了时间之箭。

另一个例子是考虑所谓的面包师变换。从一张面皮开始，用擀面杖把它擀到它的一半高，然后叠起来。现在我们得到一张新的，同第一张高度一样，但是由两层组成，右边的一半在左边的一半上。我们现在把黑巧克力放到上面的一层上，所以现在它是黑色的，而下面一层仍是白色的。再擀一次，然后从中间切开，把一半搭到另一半上。我们得到一个四层的饼，黑白相间。再接着这么做下去，一次又一次。

几次后，我们得到一张同原来一样高，有 2^n 层颜色相间的饼。

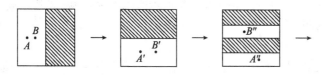

图 19 面包师变换

这是三个初始的阶段。左边的正方形是平的，它的高度除以 2 而宽度乘以 2，得到一个矩形。该矩形被切成两块，将右边一块放到左边那块的上方，得到中间的正方形。重复相同的步骤，擀平，切开并放到上面，得到第 3 个正方形。第一步后点 A 和 B 被带到 A' 和 B'，第二步后被带到 A" 和 B"。随着变换的继续，白色和黑色的条纹变得越来越窄。

请注意这种变换是可逆的。人们可以通过剥面皮，然后把最上面一层放到最底下一层边上使之还原到原来的高度；重复 2^n 次将会使面饼回复到它的最初状态（右边一半为黑色，左边一半为白色）。可以做到的更好结果是根据第 n 步后面皮上任一点的位置，可以计算出它的初始位置。比如，如果一点位于最底层上（白色）且距左边的距离为 d，则它的初始位置位于距左边 $d/2^n$ 处。若某点位于最上一层饼上（黑色）且距右边距离为 d，则它的初始位置位于距右边 $d/2^n$ 处。

如一点既不位于最上一层也不位于最下一层，而位于面团的中间，问题就变得更为复杂了。首先，我们要找出它位于黑面上还是白面上；如位于黑面，它的原始位置一定位于原始面饼的右侧，如位于白面上，则在原始面饼的左侧。但现在经过 n 步后，面饼已经 2^n 倍薄于原始面饼；如 $n = 10$，则高度被 1000 除，如 $n = 20$，则被 100 万除。当然，如 $n = 10$，我们则不能通过肉眼分辨出层，我们所能看到的是一片灰色。如 $n = 20$，我们则会担心我们测量工具的极限，如 $n = 30$，则超出了我们的能力范围。此时，即使有信息，我们也不能复原它。

从理论上讲，在这个过程中没有丢失任何信息，因为系统是可逆的。实际上信息太零散了以至于无法复原。系统逐渐变弱直到不能被观察。一旦这样的事情发生，我们所能做的只是说面团上的点位于黑面和白面上的概率各为 50%。随机性又出现了，但这同我们在亚原子层面上的发现不同。这次不是因为系统中存在随机之源，而是因为我们的测量工具有限。为了同第一种情况区别开来，我们称其为混沌。

混沌分为两极。我们已经看到了从现在的观察复原历史是多么不可能。我们将说明从现在的观察去预测未来也是不可能的。的确，假如我们做 n 次面包师变换，n 是一个很大的数，我们想知道从面饼内部开始的一点将会出现在上半部还是下半部。用 M_1 表示这一点最初的位置，M_n 表示经过 n 步后该点的位置。请记住，每一次面团都会被扯成 2 倍于它的长度，然后被切开，叠加，右侧叠在左侧上。如果通过数学计算的话，会发现要解决这一问题必须知道精确到 $1/2^n$ 的 M_1；如果在水平

地确定 M_1 的位置时产生了误差（高度没关系），则最终的结果也是错的。另外，我们测量工具的精度有限，所以对于非常大的 n 来说，以所要求的精确度知道最初的位置是不可能的。我们所能做到的最好程度就是说 M_1 位于上半部和下半部的概率都是 50%。

我们失去了很多,但并不是一无所有,因为这种概率的预测可以被极大地推广。假如我们对于位于上半部还是下半部不感兴趣而对位于左边还是右边感兴趣。位于两边的机会经过很多步后也是 50% ：它们不依赖于这两半部分面饼的形状，而依赖于它们是两半部分的事实；即各占总体积的 50%。假如我们把面饼分为两部分，大部分 A 占总体积的 99%，另一部分 B 小；则位于 A 的概率为 99%。在这种情况下，我们就可以有充分的把握预测 M_n 的最终状态位于 A。但没有办法完全确定，因为 M_n 也可能位于 B。但这种概率小于 1%，所以预测位于 A 则有更大的把握，如 A 的体积增加的话，则更安全。如果 A 占总体的 99.99%，则只有万分之一失败的可能。这就会是个相当可靠的预测了。

我们预测失败的可能性为 0 的情况也有，或者对于实际目的来说太低了，可以视为 0。这是在潘多拉盒子的例子中出现的。一旦盒子和房间中的压力相等，魔烟会从房间返回盒子吗？换言之,气体会自动从平均分散的状态流动到一个空间有限的集中的小区域吗？

将 A 称为第一种情形。从分子的角度看，A 包括了许多不同的情况。称盒子里和屋里的压力一致是告诉我们在两处的分子数大致相同，速度的分配也大致相同，但没告诉你哪个分子在哪，它的速度是多少。有很多得到这种整体情况的方法；比如，对于观察者来说，气体的这些分子而不是另一些分子在盒子中没什么差别。人们可以观察所有的可能，从而得到 A 的一个概率。

结果是这个概率如此接近于 1 以至于我们可以很安全地相信情形 A 将占上风。如果我们这样做了，而有人反对我们，那么他将不得不等待数亿年才可能观察到可以带给他胜利希望的事情发生。我们不该同上帝打赌，因为他有耐心，他可以等到宇宙灭亡，但在人类这个范围内，我们相当安全。非常确定的是魔烟永远不会返回潘多拉的盒子，时间在我们这个层面上是不可逆的。

我们几乎走到了道路的尽头。我们在亚原子层面发现了随机性，在我们自己的层面发现了混沌，在中间的某个地方是稳定作用量原理。莫培督的梦想破灭了。如果不是在物理学中寻找最佳可能的世界，我们又去哪寻找呢？或许在生物学中？让我们试试吧。

第七章　最优者能胜吗

"这个世界是最佳可能的世界"或"这个学生是班上最好的学生"，诸如此类的句子具有相同的逻辑结构：它们是特定事物、特定人和其他事物或人之间的一种对比。要使这些句子有意义，人们必须定义用以比较的物体或人的类别和用来评判"优良"的标准。比如，有很多划分学生等级的方法。一些学生擅长音乐或科学，另一些学生擅长英语或体育；也许约翰（John）去年是最好的，但现在可能已经落后。根据不同的标准会划分出不同的等级，除非杰克（Jack）总是在各方面比吉尔（Jill）优秀，否则总是可以找到一个标准使吉尔优于杰克和另一个标准使杰克优于吉尔。说吉尔是他班上最棒的意味着确定所有等级的加权平均，根据那一标准，吉尔居第一。

这些说法数学地转化成最优化问题：某类（物体、人、境遇等）被描述，一系列排列的标准（如等级）被确定。解决问题意味着寻找排第一的元素（数学术语是最大化标准），这个元素被认为是最佳的一个或最佳。某些情况下，人们宁愿最小化标准而不是最大化标准，即找到排列最靠下的元素而不是最靠上的元素，但这没什么区别，人们仍称其为最佳的结果。

莫培督的基本直觉是我们的世界是最佳的：这是使用最小作用量的世界。对比的类别是所有可能的世界，标准是作用量，这个作用量被证明是最小的而不是最大的。在之前的章节中，我们说明了莫培督是错误的。作用量既不最小，也不最大。另外，在不同的层面上，自然的法则也不同。如果存在一个可以找到的统一的原则，我个人认为这不太可能，我们不知道它将是什么，它也没有理由成为一个最优化问题。

另一方面，即使不是在物理层面上，至少是在生物学和历史层面上，在我们思考世界的方式中存在一个明确的进步思想。我们通常认为人类起源于黑暗时代，那时狩猎族在恶劣的环境中艰难地生活，进而发展到由工业革命带来的富裕社会。时间再向前推一下，很难不把这一进程视为从第一个类人猿到现代人类，或者从单一细胞生物向多细胞生物的进化过程。实际上，地球上生命的历史通常被视为趋向于产生它最完美的形式，即我们自己。从而进化之树被描绘为一个梯子，从无生命物质到越来越复杂的生命形式，从细菌到处于最高阶段的人类。认为进化会超越人类向越来越高的生命形式进化的思想也很普遍，或许甚至会产生某种神；虽然后者的思想现在已不流行，这是把基督教教义（我们的救赎）的基本要求同生物学（进化）的基本事实调和的一种相当自然的方式。

　　进化推动进步的设想是莫培督认为上帝一劳永逸地创造一个完美世界的动力学版本。我们不再声称这个世界是最佳可能的世界；而是认为它会越来越好：这个世界不是最佳的，而是不断改进的。运转进程不再是理性创造者的恩赐，而是由于进化的盲目力量。所有存在的生物永远致力于为贫乏的资源奋斗，如空间、阳光、食物、配偶，同时还要同寄生虫和掠夺者或者对人类而言同他们的同类这些敌对势力斗争。这种"为了生存而斗争"导致了"适者生存"，那些失败者在化石中，在史前或考古记录中被发现。

　　一种看待这种情况的方式是把它视为一个最优化问题，标准是"适合"。根据定义更适合者更好，通过只让更适应的生存自然界解决了最优化问题。其逻辑结果是现在仍存在的生物仅仅通过仍存在的事实证明它比被它所取代的生物更好。把这一观点载入历史，人们可以得到证据证明尼安德人是一种低下的物种，可以证明欧洲居民优于被他们消灭和奴役的美洲人、非洲人或亚洲人，而且更普遍的是这一观点可能正确。这是西方文明高级论的基本观点：我们拥有强大的军事优势，这使我们可以从他人那里夺取土地和资源为我们所用，所以我们的生活方式一定是最好的。白人的任务是把西方文明传播给所有人，但不是达到让他们拥有和我们一样武器的程度，因为那样会削弱我们的心理优越感。

　　最优化方法是错误的。一方面，"更适合"意味着更适应生存，而并不意味着任何理性意义上的"更好"，比如更复杂、更智慧或者更道德。进化方面取得巨大成功的例子是细菌，它们已经存在了 35 亿年，而且基本的蓝图没有变化，即使今天，它们仍然存活在地球上的极端环境里，如洋底的热水流火山口，在那里某些物种在气温高达 400 摄氏度，压力高达 300 个标准大气压的环境中生存。另一方面，适合不是一个适用于整个世界的标准，比如这个标准可以使我们用来比较恐龙占据主要地位的侏罗纪时代和几乎全部被人类占据的现在世界。适合是一个相对的标准，与一个物种，一个个体或一种基因同它的环境，即它生存的世界相关。如果环境改变了，适合的标准也会改变；在南极，北极熊比响尾蛇更加适应环境，而在莫哈韦沙漠，情况正好相反。恐龙和人类不能比较；不可以说这种比那种更适合，因为他们从来没有共享同一种环境。

　　用达尔文（Darwin）自己的话说，为生存而斗争的过程是"带着改进的遗传"；"进化"这个词不是他的，而是斯宾塞（Spencer）的，达尔文从来不喜欢它。一代繁衍另一代，如果每代的生存都能够保证的话，存在的数量一般比为保存物种所需的数量多得多。所有的新生代各不相同，也和他们的父母不同，而且将会把改变遗传给他们的后代。① 他们一出生就立刻进入一个充满敌意的环境，遗传了有利改变的那些个体在生存方面有优势。这是一个可能的结果：优势可能微小，而且对

_____

　　① 如今我们拥有达尔文所不曾拥有过的物质支持，即遗传物质的随机突变。

某个个体来说也没什么区别,但经过很多代,很多个体的积累后,这足以使物种向某个方向转变,甚至会产生新的物种。这并不意味着新物种绝对比旧物种好;它只是更加适应环境。注意这可能是个新环境,一个同原始物种的生存环境不同的环境;气候可能会发生变化,移居的个体可能会发生变异。

加拉帕戈斯群岛雀的案例很著名:达尔文注意到这些鸟有许多不同的种类,有不同的喙——嗑坚果的短且为钝型的喙、从更大型动物身上吸血的薄针型的喙。他推断它们都源自一种大陆雀,并适应了岛上不同的食物来源。寄生虫是适应环境的另一个极其特殊的例子。钩在肠上的绦虫没有任何运动力和感觉器官,它们非常适应它们的环境,但在其他环境中却不能生存。事实上,离开宿主的寄生虫非常无助以至于无法生存,寄生虫发展的世界是它们的宿主,和我们一样,它们也不关心其他可能的世界。

这些是简单的情形:雀争取稳定的食物源或者寄生虫适应它们的宿主。很多物种在食物网中占据了生态位置,食物网是一个关于食肉动物与被食用动物之间关系的复杂系统。因为每一种物种的生存环境都包含其他物种,我们现在进入了一个非常复杂的情形。换言之,A物种适应的环境包含了A物种在内的同时代存在的一系列物种。带改进的遗传过程改变A以提高它对世界,即对B、C以及所有其他物种的适应性。但同时B,更别说C、D和其他物种也在经历同样的过程。结果是所有物种一起进化,所以每一物种的生存环境都在发生着变化,它们必须使自己适应新环境。这是比直接优化复杂得多的过程,人们可能会问总体的效果怎样?

在南非的西海岸,马尔加斯岛的水域被海藻和以河蚌和峨螺为生的大螯虾占据。附近的马库斯岛和马尔加斯岛在各方面都相似,但它的水域里有广阔的河蚌床和大量峨螺,却没有大螯虾和海藻。当地渔民说,1965年左右,两岛上都有大螯虾;所以在1988年,人们试图向马库斯岛再次引进大螯虾。一个著名的实验是把100只大螯虾从马尔加斯岛运到马库斯岛。[1] 令实验者感到奇怪的是,峨螺战胜了比它们大得多的生物,把它们包围并吃光,所以一个星期内,1只大螯虾也没剩下。从这个例子可以学到的教训是个体物种和整体环境之间有一个反馈环路:一方面,环境决定每一物种的行为和进化;另一方面,环境只是那个生态系统里一系列共同生存的物种。即使谁以谁为食这样的基本关系也取决于环境:在马尔加斯岛大螯虾以峨螺为食;在马库斯岛则相反。

这使大家理解我们的基本观点:适合是个相对的事情,适者生存并不导致任何类别的全面最优化。在一个岛上,大螯虾处于食物链的顶端,在另一岛上,它们就不适合生存。马库斯岛和马尔加斯岛为同样的地理和地质条件提供了两种不同的生

---

[1] A. Barkai and C. McQuaid, "食肉动物——捕食角色颠倒", Science, 242（4875）（1988年10月）: 62–64。

物学答案。很难说哪个比哪个更好；当然，对环境的适应并不提供这样一个标准。达尔文深知此事，他在他的《物种起源》中指出："自然选择只趋向使有机生物和居于同一地方的和它争夺生存权的其他物种同样完美，甚至稍微更完美一点。我们知道这是在自然条件下取得的完美程度。比如，新西兰的地方特产相对自身来说是完美的；但它们在大批从欧洲引进的先进动、植物面前迅速折服。"①

所以莫培督的伟大想象在生物学中也没有得到比在物理学上更多的支持。进化并不是把世界推向更优化。达尔文的带着改进的遗传过程所能做到的最好程度就是引导生物系统到达某种平衡，每种物种适应和它一起生存的其他物种。这样的平衡是复杂的，依赖于相互影响的所有物种：一旦大鳌虾从一岛上消失，正如马库斯岛的情况，就不能再引进了。旧的平衡被破坏后，生物系统找到了一种新的平衡，在这个新平衡中没有大鳌虾的位置。

想象生存之争以某种普遍的平衡结束是不对的。地球上过往生命的历史似乎是由随机事件推动的，随机事件打乱了已有的环境，重新开始带有改进遗传的整个过程。在马库斯岛的例子中，大鳌虾消失的原始原因我们并不知道，或许是由于过度捕捞、疾病或其他自然灾难，但它确实改变了马库斯岛生物学的未来之路，而马尔加斯岛却停留在原来的路线上。从更大的层面上看，6500 万年前，恐龙从地球上消失使地球被哺乳动物占据。另一个大规模的灭绝发生于 2 亿 2500 万年前，当时海洋中生存的 96%的物种死亡。现在人们认为这样大规模的灭绝是由环境发生巨大变化引起的，因为陨星撞击地球、巨大火山喷发、全球变暖或变冷。

这使随机性处于讨论的正中心。一方面，我们的未来似乎依赖于环绕太阳运行的大量物体，其中一些物体可能会终止运行而落下来；或依赖于位于我们脚下数英里的未知的地壳运动进程，它们可能会导致从地壳的断层涌出大量岩浆。另一方面，如果这样的事情发生（而不是什么时候发生，因为它注定迟早要发生），最终的结果将不比进程本身的随机性小，因为大灾难很可能会降临到一个毫无准备的世界。几百万年带有改进的遗传将会带来一种平衡，在这种平衡中，所有物种很好地适应了现有的环境，这个环境可能与突然将要出现的环境完全不同。比如，假设由于流星撞击或火山喷发而形成的巨大沙云团环绕遮住太阳几年；大多数现存物种对这种考验都无准备。这就像两个足球运动员突然被叫去打水球了：基于球员过去的表现很难预测这场比赛的结果。这将取决于球员的游泳能力，这同作为专业足球运动员的训练毫不相关，而这会突然变得比跑的能力重要得多。同样地，比如硅藻在 6500 万年前的大灭亡中存活下来而其他藻类消失的原因归功于硅藻变成孢子的能力，这是一种静态的、坚硬的生命形态，它可以发展到对抗食物供给上的季节性变化，而且也许可以使它们在全球范围的漫漫长夜中幸存下来。

---

① 《物种起源》（London: John Murray,1859），第 6 章。

地球上生命历史的主要事件不是大灭亡。正如古尔德喜欢提及的那样,5 亿 700 万年前也有一次大爆炸,这诞生了第一个带有坚硬身体器官的多细胞动物。柏基斯页岩化石是这一关键时期的见证,它保存了当时的一些物种。[①] 其中有 8 个不属于现存物种的任何一类——海绵、珊瑚、环节动物、节肢动物、软体动物、棘皮动物和脊索动物,后者包括脊椎动物。柏基斯页岩中也有节肢动物,但大多数都不能划入我们今天所知的四大类,其中三类仍存在,另一类是三叶虫,现在只有化石。在柏基斯动物群中有一种令人吃惊的创造力,仿佛生命曾经不断地尝试出生命形式的最广的可能范围,而让进化过程去选择。没有更多类似的情节;寒武纪生物大爆炸是第一个也是最后一个。每次大灭亡后,空下来的生态位置就被幸存下来的物种占据。这意味着旧蓝图已经过时;对于新物种的实验也没有空间。

正如古尔德在他的书《奇妙的生命》中所指出的,在柏基斯群中只有单——种脊索动物,那就是鼠兔,它是"一种 2 英寸长,侧面扁平如丝带形状的生物"。[②] 柏基斯群充满生命,在这个温和的个体中没有什么可以将它同其他个体分开。而且这是我们可以叫得上名字的大多数动物的蓝图,如鱼、鸟、哺乳动物,更别提人类自己了。为什么单单这种蓝图一直存在到现在,而柏基斯群中其他大多数物种和类群却早已消失?很可能没有一个让人信服的答案,答案结合了一定程度的随机性,从大规模事件的影响,如大灭亡或板块漂移,到某一时刻基因突变赋予某种物种一种生存的绝对优势。正如古尔德所说,"鼠兔的幸存只是历史的偶发事件。我不认为存在其他答案比如"它比其他物种高级",我也不认为有其他更迷人的解答。我们是历史的产物,必须在这个最多样化的,最有意思的可能的世界建造我们的道路,这个世界对我们的生存漠不关心,从而为我们提供以我们自己选择的方式繁荣或衰败的最大自由。"[③]

人类的历史也是如此。当然,时间跨度要短得多。有记载的人类历史不超过公元前 4000 年,在美索不达米亚发现了当时的文字。早期苏美尔人和现在之间的时间跨度不超过 6000 年,这在地质学时间的 45 亿年中只是一瞬间,苏美尔人活动的最后痕迹被 2003 年入侵的掠夺者破坏。但在这个更小范围内,我们发现人类的历史反映了生命的历史。人类社会同物种一样处于对空间和资源的永远斗争中。改变的动因不再是带改进的遗传,而是人类的狡诈,虽然战场被他们无法控制的事情所塑造。火山爆发、洪涝和干旱、寄生虫和鼠疫都曾经发生过。

同进化理论类似,曾经存在很多对于历史的科学理论的尝试。我认为休昔底德(Thucydides,公元前 460—前 395)和弗朗西斯科·奎齐亚迪尼(Francesco,

---

① 《奇妙的世界》(New York: W. W. Norton, 1989),第 3 章。

② 《奇妙的世界》(New York: W. W. Norton, 1989),结尾部分。

③ 《奇妙的世界》(New York: W. W. Norton, 1989),结尾部分。

Guicciardini, 1483—1540）最接近创造出这个理论。前者写了伯罗奔尼撒战争史，关于雅典的海军帝国同以斯巴达为首的希腊内陆城市作战。战争始于公元前 431 年，27 年后以雅典的战败而结束，但休昔底德的记述只包含前 21 年的历史。后者写了 1492~1534 年劫掠意大利的战争史，这场战争以哈布斯皇帝查尔斯五世打败法国对半岛的霸权而结束。休昔底德是雅典人，奎齐亚迪尼来自佛罗伦萨，他们在战争中都有很高的地位，他们都见证了自己一方的灾难性后果。他们热爱的城市雅典和佛罗伦萨屈服于外来势力，从而被强加上一种新制度；随着它们的独立，它们丧失了传统的自由。

他们的记述都采用同一种结构方式。在某时刻，事情的进程进入一个十字路口，必须要作出一个重要决定：斯巴达应该向雅典宣战吗？威尼斯应该同意哈布斯堡王朝皇帝和他的部队从奥地利自由通过他的领地到意大利吗？作决定的人聚到一起讨论，一个人站起来理由充分地支持某种行动路线，然后另一个人站起来同样理由充分地支持另一种行动路线。大家会选择哪个建议呢？行动又回到了它充满变故的路线上，到达了一条通常被证明充满事故和意外的路上，直到到达另一个新的十字路口。行动的结果可能与支持者的预测相差甚远，这可能是由于最初的建议不好或者是由于意想不到的事情使行动脱离了既定的路线。

休昔底德描写伯罗奔尼撒战争的开始就是一个典型的例子。① 克林斯人到斯巴达抱怨雅典对他们的侵犯并催促斯巴达向雅典宣战。他们的基本观点是要么现在，要么永不宣战：雅典每天都在斯巴达的盟军处挑衅，如果他们继续等待的话，不久就会发现将被孤立并且面对一个更强大的敌人。阿尔基代默斯（Archidamus）是斯巴达的国王。他反对战争。他认为这将是一场不可能胜利的战争。雅典的能源和繁荣来自海洋，它的大多盟军位于岛上或爱琴海另一端的小亚细亚。斯巴达没有舰队。不可能以武力攻占雅典，因为雅典已加强设防，也不可能用饥饿战术，因为雅典需要的所有东西通过海港进入。斯巴达所能做到的最大程度就是掠夺周边的土地，这可能会给土地的所有者带来不便，但不会占领整座城市。阿尔基代默斯说，更好的办法是敞开大门，尝试通过外交手段把雅典争取过来，增强我们的力量。

实际上，斯巴达没有听从他的建议，向雅典宣战并进攻了。接下来的事情已如他所料。雅典没有应战，只是退到城内，从那儿看着斯巴达军队掠夺土地、焚烧房屋。

同时雅典的生意照旧：船只进出港口，带来食物和银两，带走军事远征的部队。几乎这个长期战争的每一年斯巴达军队都会去破坏雅典周围的土地，直到城市的四周变得荒芜。同时真正的战争在各地进行着，雅典通过征服更多的岛屿积聚了更大

---

① 休昔底德，《伯罗奔尼撒战争史》，Charles Forster Smith 译，罗布经典丛书。（Cambradeg: Harvard University Press,1956-1959），1. 67–87。

的力量和更多的财物，直到一件完全没有预料到的事情发生：雅典城的大瘟疫。

雅典当时是一座大城市，居住了那么多人对健康的确是个威胁，居民，难民聚集在城墙内，但流行病的致命性和重要性在当时却并不为人所知。据估计，约有1/3的人口死于瘟疫，即使今天也不能确切地知道这是一种什么病。瘟疫对雅典是个可怕的打击，比斯巴达和他们的联军带来的打击要大得多。这的确是战争的结果和阿尔基代默斯所预测的不同的主要原因。另一个原因是运气不好的远征队，这个远征队被派到西西里，在那里他们被全部消灭。此时又一个意料不到的事情发挥了关键作用。在锡拉库扎附近遭遇了几场失败后，剩余的雅典部队计划回家，就在准备回家的晚上发生了月食，为了安抚上帝，牧师命令再停留 27 天。这给敌人以足够的时间增援。雅典舰队被摧毁，士兵被俘虏后扔进石坑中。

许多大的失败和成功归因于机遇而不是人类的愚蠢或智慧。在《记录》这本奎齐亚迪尼终生都坚持做的笔记中，他写道："祈祷上帝通常被发现接近胜利，因为这将给你带来利益，即使本来没你的份；而接近失败的人经常抱怨无限多的他完全无辜的事情。"[1] 他也强调了另一种机遇的重要性，不是由于超出人类控制能力的事情，而是由于不太引人注意的行为导致的出人意料的结果："几乎注意不到的小事通常是大毁灭或大成功的原因；这是为什么大家被充分地建议考虑和掂量每一个细节的原因，无论它多小。"[2] 我们没听说过混沌理论吗？如果在佛罗里达州没有蝶形选票，或者如果投票机正确运转的话，美国 2000 年总统大选的结果会是怎样呢？

当然，机遇不是一切：也有人类作决定的因素。举个例子，让我们考虑一下1507 年哈布斯堡王朝皇帝马克西米利安（Maximilian）请求自由穿越领土时威尼斯人所处的境况。当时威尼斯同法国国王结盟，而哈布斯堡王朝皇帝的目的很清楚，他想部队一平安穿越阿尔卑斯山就攻打在北意大利的国王。当一切明了后，威尼斯人有两条路可走：拒绝请求，冒哈布斯堡王朝皇帝联合法国国王攻打他们的危险，或者改变联盟，加入皇帝攻打法国国王的部队。

威尼斯参议院就此事发表的两个讲话中的第一个说明了一个要点：他们真正想做什么不如别人认为他们想做什么重要。即使他们忠诚于同法国的联盟，也许是因为国王本人不可靠从而也认为别人同他一样，或者是因为他怀疑皇帝给了威尼斯更多利益，他可能会认为他们想叛变。如果他那样认为的话，他们最好同皇帝寻求联盟，一同分享很有可能战败的威尼斯。即使国王认为他们保持忠诚的话，正如他们所做的，也很糟，他可能会认为他们怀疑他准备了一些预防性打击措施，所以以他们可能会出于怀疑而不是由于贪婪而投靠皇帝的部队。最终，唯一安全的方法是同意皇帝的请求，这样的话他们可能会收获有利于自我安全的利益,因为如果他们不这样的话，国王也将会像他们同意了一样采取行动。

①②《记录》（1512–1530），G. Masi （Milan: Mursia, 1994），176。

　　这的确是个非常现代的分析。这说明了在对立环境中信任的作用有多大！尤其重要的是对于别人信仰的信任，因为这些永远不可能被完全确定，整个形势由相互怀疑推动。在一定情况下，它甚至会起到一种稳定作用。这是直到 1492 年洛伦佐·梅第奇（Lorenzo the Magnificent）去世前意大利的情形；那时半岛分为五个同等重要的主要国家。任何一个都不足够强大战胜另一个，所有的国家也都明白集结起来反对他们中的任何一个将会开辟一个危险的先例，那将危及他们自己的生存。用奎齐亚迪尼的话说："每个人都仔细地观察着别人的行动，审视着任何可以使他们中任何一个增强能力和声誉的行动，这使和平更有保障，但是这五国都渴望立刻放出一个可以点燃一场大火的火星。"这种精心保持的平衡最终在米兰公爵召集法国人进入意大利时被摧毁，这也是随后 40 年毁灭这个国家的许多入侵中的第一个。

　　我们现在有了一个针对这些情形的正式模型。它被称为博弈论。其数学基础是由冯·诺伊曼（John von Neumann）和约翰·纳什（John Nash）在 1950 年左右奠定的，在那个世纪之后的几十年里，它证明了自己是分析经济和社会状况的通用工具。模型由个人或团体组成，称为代理或当事人，每个人或团体必须决定一种行动路线。一旦所有的决定都做完，一个整体的情况就产生了，它会以不同的方式影响每一位代理。每位当事人面对的问题是他想得到对自己最佳可能的情况，同时也很清楚最终的结果不仅取决于他自己的行动，也取决于别人的做法。这使它非常不同于简单的最优化，那种是结果只取决于代理自己的行为。一种从杰克的角度看是最优的情形，从吉尔的角度看可能是非常坏或非常好的情形；在第一种情形中，杰克和吉尔将会尝试猜透彼此，在第二种情形中，他们将会尝试调整自己的行动。这是一个战略行为，我们需要一个新的概念来描述。

　　均衡是每一代理的行为是对其他人行为的最好回应的一种情形。这是一种稳定的共同调整的情形：每个人预测其他人的行为并且所有的预测都被证明是正确的。换言之，这是一系列本身自然会实现的预测，当事人构想彼此的行动。这样的情形是社会生活的中心，因为它们是唯一稳定的。不处于均衡之中意味着一些预测被证明是错误的，所以一些行动同实际情况不相符。这将导致相关团体或个人改变预期，调整行动，因此创造在下一阶段需要纠正的差异，所以整个情况是不稳定的，系统也开始大幅振动起来。另一方面，在均衡中，所有的预测都会被实践肯定，任何已成习惯的行为被证明在任何情形下都适当，随着时间的推移，它们变得更加根深蒂固，而最终巩固成社会法则。

　　社会组织中的基本特点，比如信任或权力，只不过表达了一些根本的均衡。权力只是对权力的幻想，是一种普遍拥有的信仰，即某个人将被服从，某些命令将被遵守。这是自我实现的，因为如果别人给我一个命令，我将遵守它、因为如果我不遵守，其他人将会遵守，这对我更不利。信任是相信别人将会遵守某些法则，每次我遵守那些法则，我对信任的总体感觉都会被加强。请注意不信任也可以自立。如果我不信任你，你不信任我，针对你可能的行为，我将会采用任何适当的预防措施保护自己，给你一个好的理由更不信任我。在第一种情况中，大家彼此信任，这样做是对的；在第二种情况中，大家彼此不信任，这样做也是对的。一些人信任而另一些人利用他们的信任的情形是不稳定的，因为一方会学习另一方的做法。无赖会改过自新，享受大家彼此信任的诸多好处，或者别人将会被教育为不轻易受骗，信任作为社会交流的推动者将会消失。

我们认为普遍的许多法则实际上同某种平衡有关系。如果马尔加斯岛上的大螯虾可以思考，它们会认为大螯虾以峨螺为食是自然的基本法则，但在另一个岛上的情况却与此相反。人类也有这样的幻想：我们出生并生活在一种平衡中，它真正的范围我们不知道，但我们倾向于认为这是唯一自然或者合理的一个。想一下妇女解放的例子。在一个妇女被限制为家庭角色、公共生活被男人控制的社会中，很容易把这种差别认为是由于男女之间内在的不同引起的，而不是由某种临时的社会组织造成的。基于这种思想，人们就会以和教育男孩不同的方式教育女孩，以使女孩为家庭琐事作准备，男孩为公共角色作准备。所以他（她）们成人后的确变得不同，都满足于他（她）们被训练得要扮演的角色。这是一种平衡，并且很难打破；实际上，在我们的社会中，妇女解放的进程非常缓慢，但是仍在进行，这不仅需要为妇女创造机会，也需要通过教育改变思想。

一种平衡不总是最好的；它甚至可能是不好的。这也许是博弈论最重要的发现。

比如，想象有一项需要共同完成的任务，团体中的每一位成员可能合作，也可能逃避。这是当我们对政治或社会问题感兴趣时面对的选择：我们可以通过出席会议和参与组织的日常事务这种艰苦的工作来进行游说，或者我们自己可以不参加而等待别人去为我们做这些事情。让我们谈个跟金钱有关的例子。假如有一群人正在为退税而进行游说活动。参加这一活动需要个人支出 11 美元的成本。如果团体中有 n 人参加，退税的金额对团体中的每个人来说是 n 美元，不论他们是否参加了活动。每当一个新人参加，每人将多得 1 美元。这意味着参加需要 10 美元的纯个人成本，而不参加则可以免费得到未来的收益。这个紧张状态在于每个人增加的小收益和参加者个人的大成本之间的对立。

比如，团体中有 100 人。如果每个人都参加的话，团体中的每个人都将个人支付 11 美元，并收到 100 美元的退税。这看起来是赚 89 美元的好机会，团体的整体收入是 8900 美元：让我们这样做吧！问题是这需要每个人的配合，如果不参加的话，可以得到更多的回报。如果我决定不出那 11 美元，并且我是唯一这么做的人，那么我的收入就会涨到 99 美元，而其他人的收入会降至 88 美元。除了对于我来说，这也许不是个大差别，我可能没有太多的道德不安，但问题是我可能不是唯一这么想的人。比如，假如有 50 个这么想的人，我和其他想免费得到好处的人会从退税中每人得到 50 美元，而其他人每人得到 39 美元。注意此时对我来说逃避仍然比合作划得来，因为投入 11 美元并不会给我带来更多的收益，相反会使我的收入降至40 美元。实际上，无论别人怎样做，对我来说逃避总是好于合作。换言之，那种情况下的唯一均衡是大家都不参加游说活动，这样每个人将得到 0 美元，从而放弃可能得到的收益 89 美元。

这看起来非常奇怪：这群人本来每人可以得到 89 美元，但是却选择放弃。但是这也的确有道理：比如设想团体中共有 1 万人，参加的成本上升到 1000 美元。这会极大地增加潜在的收益，上升到每人 9000 美元，但这会使合作更加困难。的确，要获得参加的成本，需要找到 1000 名愿意用 1000 美元来赌他们将不是唯一愿意交会费的人；除非参与者之间存在某种制约或者有一些保证遵守的手段，很难找到这样的人。有一个将要做什么的合约还不够：还需要有执行合约的方法。这可以被称为冒险原则：冒险的好处显而易见，但是除非是被迫的，没有人愿意冒险。实际上，这可能是现代国家的创建原则。根据马克思·韦伯（Max Weber）的著名定义，国家的特点是对合法使用暴力的垄断。除了督促人们在逃避有如此大的诱惑时信守诺言，它还有什么用处呢？在上述例子中，如果团体中的 1 万人都同意如果不贡献 1000 美元的话就被杀掉，如果他们指定一个人在他们食言时执行威胁（也许每个人为警察贡献 1 美元的工资），那么他们将遵守诺言，因此每人将得到 8999美元，警察什么也没做，却将得到 10000 美元：他们只要存在就足够了。这就是秩序良好的国家需要有效法律执行机构的一个原因。

冒险原则被广泛应用，尤其在志愿组织中，因为在这种组织中，没有执行承诺的方法，只是依靠成员的良好道德：经过最初的热情，少数专注的人最终会承担所有的工作，而大多数人几乎不出席会议。工会在不同的程度上面临类似的问题。刚开始在公司或商店成立工会时需要多数投票；即使大多数工人认为成立工会对他们有好处，但在完全明白如果失败将承担损失的情况下进行投票表决，拒绝参加就完全是另外一回事。即使你愿意冒险，你也不知道别人是否愿意，最好的策略是等待别人先发动列车，然后觉得车上的人足够多时再跳上去。但这是第 22 条军规（catch-22）式的自相矛盾：如果每个人都等待明显的多数出现时再加入，则永远都不会出现大多数。另外，如果联合后集体讲价的好处也可让非会员享受的话，比如法国的情况，入会的好处就更少了。工会成立后会有一段保持会员的艰难时刻；如果无论入不入会都可以得到好处的话，为什么要付钱入会呢？这也是为什么美国有"不对外商店"，规定只有会员才可以被雇佣，而法国尝试为会员提供边缘利益，非会员不可享受，比如为某活动减少税费或者扩展旅行服务。

成立一个组织是件很复杂的事情，有更多的问题需要担心。比如，我们说因为冒险原则，国家需要有效的法律执行机构。但是如何应对勾结和腐败呢？在我们描写的最后一个例子中，我们怎样防止这 1 万人中的 100 人通过每人出 100 美元的方法贿赂警察呢？警察得到 19900 美元，贿赂者每人可以得到 9900 美元（10000 美元的退税减去贿赂的成本）。我们需要警察，但是谁来监督警察呢？答案可能是监督警察的机构，但这本身又会引起同样的问题，或者是另外一种警察机关，同第一种相互制约，从而相互监督。

　　人类是复杂生物。他们是地球生命之树的一个分枝，是正在进行的达尔文式带着进化的遗传进程的一个特殊结果。他们也认为自己有能力作出智慧的行为，因此个人寻求方法助长自己的利益，同时对别人的行为做出见多识广的预测。没有理由相信带有进化的遗传动力学或人类的那些策略性行为将会给人类社会带来某种渴望的结果。在这一章中，我们回顾了许多反例。在生存之争或权利之争中，没有理由说明幸存者比死去的好，也没有理由说明他们的胜利会使世界变得更好。使胜利归于应该得胜的一方，指导这些进程的隐形的手并不存在。机会是它们真正的领导者。

第八章　自然的终结

自然是冷漠的。没有人在那里看护我们。我们是动物物种，像其他在地球上出现和消失的许多物种一样，我们的太阳是一颗恒星，像宇宙中无数的其他恒星一样。在物理学或者生物学法则中没有任何表明对我们有特别照顾的暗示。我们正处在宇宙大灾难的威胁之中，也许是与地球轨道附近的无数天体之一相撞，或者是生物学方面的，比如一场大规模的传染病。这些过去都曾发生过，也必将再次发生。更糟的是我们处于我们人类自己的恶意威胁之中。

虽然是由于我们也意识到的我们自己的错误，但是人们倾向于认为总是存在某物保护我们免于大灾难，就像有一只无形的手当人类在毁灭的边缘摇摇欲坠时在最后时刻把人类拉回安全的地方。这种想法的一个极端例子是某些人声称不必担心全球变暖，因为上帝是不会允许那样的。更接近理性的想法是经常声称核战争是不可能的，仅仅因为它"不可想象"，因为大规模地使用战略核武器将会产生深远的影响，人类，更不用说无数其他生物的生存将处于危机中。就像乘客在海中将乘船沉入海底一样，人类为什么会愿意摧毁他们赖以生存的星球呢？如果是那样的话，为什么半个多世纪以来美国和苏联花费巨资为核战争作准备呢？那时，甚至现在，数千载有多颗弹头的洲际导弹随时待命准备立即发射。创造力被不遗余力地用来确保它们命中目标：正如我所写的，它们已经被放置于海洋深处，登上了飞行器或者被放进了坚固的碉堡。这是一个极大的组织，几分钟内就可以被激活，如果打算从来都不使用这些武器，将是对资源的巨大浪费。

事实上是已经使用过了（两颗首批制造的原子弹被分别投到日本广岛和长崎），并且总是打算再次使用（一旦对方率先使用），而且被再次使用的可能性很大（古巴导弹危机期间）。即使现在，2004 年，在没有任何真正挑战的情况下，美国能源部为国家核反应堆拨款 65 亿美元，比冷战期间的花费多 35%，同里根时代的防御高峰时期的花费相当。不仅老武器得以保持，新武器还将不断发展，"迷你核武器"或"掩体炸弹"将会模糊传统武器和核武器之间的界线。甚至不清楚在这些发展背后是否存在战略思想：通常，技术被发展是因为它可被发展，同样，武器将会被使用是因为它们存在，谁知道会在什么情况下被谁使用？

历史充满了由人类行为造成的大灾难，核战争只是其中之一。我们从未见过任何管理机构站出来阻止危险政策的发展，从而引导人类返回安全的路线。现在看来很清楚东岛曾经是个富饶的地方，它之所以变成了我们现在所知道的荒芜之地是因为混战：在那儿某人某时砍倒了最后的一棵树。美索不达米亚位于底格里斯河和幼发拉底河之间，它不总是我们今天所看到的沙漠。事实上，它是人类发展农业和发明文字的地方，是人类文明的摇篮。或是由于对土地的过分开垦，或是由于对灌溉渠道的肆意破坏，现在这个地区荒芜了。今天，我们面临着类似的全球规模的大灾难。全球变暖是最显著的例子：即使我们现在停止产生二氧化碳，要使二氧化碳的浓度回到工业化之前的 280ppm 的水平需要数百年的时间。现在的浓度是 370ppm，预计到 2100 年可达到 745ppm。到时候，平均气温将会高于现在，预计会处于 37~41 摄氏度之间，这会导致一些极地冰帽的融化，所以海平面预计将会上升半英尺到 3 英尺，这足以淹没一些岛屿或像孟加拉这样的国家。总是希望这种可怕的预测可能是错误的，这也通常是不正视这一问题的理由，但是应该谨记错误分两方面：人们可以像在坏的一边犯错误一样容易在好的一边犯错误。换句话说，实际情况可能会比预测的更糟（实际上，这似乎会发生），所以不确定性实际上强化了立即采取行动这一观点。

我们不再生活在一个"自然"的世界，而是生活在一个人造的世界；我们不再适应我们的环境；我们改造环境而使它适应我们。原始森林消失了；海中的鱼儿和臭氧层也消失了。气温升高了，地球上不再有任何一个地方没有人类的足迹：即使在最遥远的地方，也有人发现了人类制造的污染物，这些污染物进入了食物链。我们甚至变得可以改造我们的物种了。我们可以严肃地想象这样一个时代的到来：我们可以克隆人，或者选择孩子的基因，或者创造半人半兽的怪物。这些新的可能性冲击了所有的亲族关系的根基，而这些关系一直以来都是我们社会的核心。我们会真的做这些事情吗？后果又会怎样呢？

呈现在我们面前的这些可能性并不是完全没有先例的，而是在神话中和历史上类似地出现过。完全一样的两个也不是没有听说过：自然界曾经产生过双胞胎，而且比如上帝或恶魔化为人形享受人类的妻子的故事是常见的。通过抛弃那些人们认为不完美的孩子这种简单手段来选择孩子的做法由来已久；许多原始部落、古希腊人和罗马人杀死了那些有明显缺陷的新生儿。妖怪是人头马身、人头鱼身、狮身人面、鸟身女妖和古代动物寓言集中其他怪物的化身。

历史和神话传承了对这种篡改的严重警告。其中最著名的一个来自远古时代，是关于俄狄浦斯(Oedipus)的，他通过杀父娶母成为底比斯的国王。接着一场巨大的瘟疫降临全城，最终他和他的人民都知道他杀死了自己的父亲娶了自己的母亲。亲属关系被篡改了；悲剧迅速集中到俄狄浦斯的孩子们身上，他们不知道他是他们的父亲还是哥哥，也不知道他们是自己的叔叔还是阿姨。集体和个人的灾难随之而来。俄狄浦斯刺瞎了自己的双眼，变成了流浪汉，他的母亲/妻子自杀了，他的儿子们为了王位而在战斗中互相残杀，整座城市陷入了瘟疫与围攻之中。

在这个故事早期的一个转折点，俄狄浦斯遇到了一个怪物斯芬克斯，一个通常被描写成拥有女人头部和狮子身体的怪物。这是一次危险的相遇，因为斯芬克斯总是会杀死并吃掉它的对手，但这次俄狄浦斯赢了并杀死了斯芬克斯。获得这次战绩后，他作为一个解放者进入底比斯，成为国王，娶了寡妇皇后。故事的结局表明他在真相被揭露前的那个转折点上死去对他来说实际上更好一些，可以使他本人，他的亲戚以及他的城市免受由他带来的灾难。这是一个明显的警告，即如果一个禁忌被打破了，比如人类和动物的区别，其他禁忌也将随之被打破，比如母亲和妻子间的区别，整个自然秩序将会瓦解，并将给人类带来可怕的后果。

这些警告对现代世界有效吗？我们不知道。我对此事的观点是我们必须面对这样的选择，而且很可能没有退路。我们不能假装由基因工程引起的新的可能性并不存在。还存在许多其他技术，其中每一样技术都拥有改变我们自己和我们的环境的潜能。可能的世界现在正聚集在我们面前。它们不再是纯粹虚拟的可能性，那些可能的世界是上帝想象并由于对现存的这个（更好的）世界的喜爱而抛弃的。它们是"清楚的、当前的威胁"，或者至少是清楚的、当前的机会。这些机会我们现在可以立即抓住，而且我们行动的效果将影响到我们后面几代人。比如，一个非常真实的可能性是一个更温暖的世界，一个环境被温室效应深深改变了的星球。气候变化了，主要的风向和气流也变化了；北方的冰帽融化了，各地的海平面上升，吞没了岛屿和低地，海岸线向内陆延伸。我们也会拥有没有森林的陆地，没有鱼儿的海洋，没有猎物的草原。实际上，只要通过发射我们花巨资制作的成千上万颗原子弹就能摧毁我们的环境。放射性沉降物将会使大量地区不可居住，由爆炸引起的粉尘将会环绕地球很多年，它们将会阻挡太阳光，从而创造一个核冬天，在这种环境中，很多动物和植物物种将会消失。这样的事情可能不可想象，但并不是不可能：人类社会的历史上有好几次摧毁环境的例子，虽然这意味着毁灭自己。在东岛这个例子中，对环境的破坏，尤其是通过战争和对资源的过度开采对森林的破坏发生于很短的时间内，也许两个世纪，所以人们一定非常清楚当时正在发生着什么。当第一批欧洲人于1722年到达东岛的时候，他们在岛上发现了很多木制品，但是却没有发现一棵大到可以再做一件木制品的树。某人在某地，在完全清楚自己正在做什么的情况下，砍掉或烧掉了最后一颗树。

这些可能性中哪些会变成新的现实取决于我们的决定。这个决定非常紧迫，因为当下环境的变化很快就会变得不可逆转。换言之，我们必须塑造一个新世界，现在就要做。莱布尼茨时代以后发生了多大变化啊！在他看来，对所有可能世界的选择已经做出了，这个选择是创世纪时上帝一劳永逸地作出的。现在是由我们作决定。这不再是个道德的或神学的问题；这是一个生存的问题，不仅仅是对于我们，而且也是对于地球上的许多其他生物而言。问题不再是个人在上帝的工作中认识上帝从而达到一种精神上的平和，并且接受世界上存在的罪恶。这是一个当今的人类社会（或者，其中的一个非常小的部分）塑造他们的后代在未来几个世纪将要生存的生物和社会环境的问题。第一个问题最多是一个道德问题，可以从容地解决，而第二个问题却很迫切。我们已经体会到全球变暖的初步影响，到2050年，当今天出生的孩子到达中年的时候，它将会全面爆发。除了我们自己外，没有它处可以寻求答案。正如那句著名的警句所说："如果不是我们，又是谁呢？如果不是现在，又要等到何时呢？"

斯多葛哲学的教义是"改变人们的想法而不是自然秩序。"这可能同人类面对比自身强大得多的自然的那个时代相适应，但是同现在不适应了，现在人类活动影响地理和气候，促使许多物种接近灭绝。人们怀疑仍然存在一个诸如自然秩序这样的东西，至少在人类这个层面上：我们的先辈盲目承受的被认为是"上帝的行为"的许多现象，我们现在可以控制、影响或预测。我们可以治愈传染病，引导船只走出暴风雨，修建堤坝防治洪水；我们砍伐森林，从而使大型动物从地球上消失，剩下的少数物种被严密监控。现在已很少有在我们不能对其实施任何影响的情况下就发生在我们身上的事了。人们仍然可以想象被一场大的自然事件毁灭，但这必须是星球规模的，比如来自巨大的小行星的碰撞。但即使这样的事情也不是完全没有希望。现在，在地球周边的空间中正监测着可能在相撞轨道的大型物体，希望如果能够足够提前预测到这样的事情的话，可以努力使其改变轨道或在碰撞前摧毁它。

这种对待自然的积极态度是人类的典型想法。自从智人（现代人的学名）在地球上出现，他们就一直致力于制造和改进工具和武器，一直尝试使自然的力量为自己所用。人类是第一个工程师，也是最优秀的工程师、制造者，而不是哲学家、智人。　当然，如果一个外星人在注视地球，他会被我们的技术而不是我们的文化活动所打动。我们的非洲祖先更多的是通过他们制造的工具和武器被我们所知道，而不是通过他们所唱的歌曲和所讲的神话。现代核电厂同原始篝火之间的技术差别是巨大的，但是我们仍然沿着祖先开辟的道路前行。在这个行程中，步伐加快了，因为我们现在拥有能源和科学知识，而这些是我们的祖先连想也没想过的，但是我们仍然制造工具和武器，希望它们能帮助我们活得更长，活得更好。

上古时代科学的发展为什么没有促进技术的进步对历史学家来说一直是个谜。在那个时代，技术保持原步不动，这一时期大概持续了1000年。科学在那一时期（至少在前半时期）处于旺盛阶段，但科学的发展似乎没有蔓延到技术。阿基米德是个著名的例外，据说在锡拉库扎被包围的时候，他通过利用镜子点火烧战船和用他设计的多种奇怪的机器将罗马人困在海中。由于当罗马士兵攻进城的时候，他被罗马士兵杀害了，这个故事大多被理解成一个教训：科学家应该关心的是观察行星而不是赢得战争。换言之，科学家被视为哲学家，为了知识而追求知识，远离世界，不具有社会责任和社会影响。

在文艺复兴时期，这一情况发生了巨大的变化。从那时起，科学与技术齐头并进。科学家以自己是工程师为荣，工程师也学习科学并应用它。测量时间是科学发现改变技术的第一个例子。漏壶和重物驱动钟的任何可能的改进不会带来哈里森的精密记时器，或者现代石英表。真正的跳跃，技术的变化，需要探索伽利略的钟摆理论。正如我们在第一章中所描述的，伽利略最初的理论被证明稍微有些错误，又是在理论基础上，惠更斯作了技术改进，制造了第一架精确度在合理范围内的摆钟，从而为所有随后的发展奠定了基础。莱奥纳多·达芬奇这个工程师之父的笔记本里画满了将为人类工作的奇妙机器的图纸，这些机器可以为人类进行空中或海底运输，为人类提供食物和保护。科学被视为增强实力、使更多资源置于我们所控制范围之内的一种方式，从而可以改善我们的命运。科学家不再被视为占星家：期待他们为人类的福祉作出贡献。当然，我过于简单化了整个故事。比如，伽利略从发现了木星的五颗卫星并献给了梅第奇家族获得的声望多于他钟表制造失败的经历。但的确是从那时起，科学家显示了对具体、甚至世俗问题的兴趣，这些是他们之前所不曾有过的。比如，伟大的帕斯卡，他制造了第一台机械计算机以帮助会计们计算。

再次，从历史的角度看，不知道是什么引发了科学和技术之间的紧密联系，这种紧密联系从此盛行。一个明显的可能性是技术进步已然自己开始了，科学家只是它开始时参与进去的。文艺复兴时期也是意大利战争的时期，当法国和西班牙的部队为了半岛而战争的时候，至少在一开始，法国在枪、炮技术上的优势占了上风，以至于敌方不得不迅速作出调整。这激发了人们学习弹道学的兴趣，这对伽利略自由落体方面的工作是个有利的环境。同样，望远镜在伽利略想到用它探索夜空之前，被第一次用于军事用途。不论科学与技术哪个先出现，最后的结果是无可争议的：现代科学从技术问题获得了一些启示，技术得益于科学发现。这种联系在狄德罗（Diderot）的《百科全书》中得到了很好的说明，这本书详细记录了18世纪的科学和技术。这是一个完全连贯的知识体，不仅仅是科学家和工程师，还有绅士和小姐，所有以受过教育而自豪的人都应该意识到这一点。

当欧拉、莫培督和拉格朗日发明并发展变分法的时候，他们的目的不仅仅是为经典力学打下坚实的数学基础，而且也是为一系列技术问题设计更好的解决方法。他们创造的数学方法现在被用来寻找曲线或更一般的形状，这些形状的一个特定标准是稳定。如果我们把最小作用量原理作为一个标准，从而使我们穿上了上帝做好的鞋子，正如莫培督认为的，变分法将使我们可以恢复经典力学的所有法则。但同样的技术适用于工程和以制造机器或设计以可能的最有效方式运转的程序为目的的任何情形。这可以通过为性能定义一个合适标准来实现（标准的数值越高，性能越好），寻找最大化那个标准的机器或程序。

科学家变成工程师的时刻是一个历史转折点。知识不再是用来寻找理解上帝创造世界的方式和探索他创造的奇迹。知识被用来制造可以在人类的工作和行动中起到帮助的机器。在前面几章中困扰我们的困难不见了。最小作用量原理曾经被包裹在谜团中，我们考虑的是它更深层的意义。但是当工程师或设计师选择标准的时候，为了更好地描述手头的技术问题，形而上学的讨论以及稳定点和最大化之间的细微差别消失了。工程师不再对稳定点感兴趣，他们想得到真正最大化业绩的方法。同样地，如果我们考虑的是成本而不是业绩时（就像硬币的另一面），他们寻找的是最小化成本的方法。抱着最小化和最大化的想法，他们不再对稳定点感兴趣，他们说他们正在最优化。

　　费马折射法则的证明由解决最优化问题组成，即找出两个给定点之间最快的路线。莫培督把整个世界视为一个最优化问题，但我们知道他错了。第一位用最优化方法解决技术问题的人是牛顿。他在《原理》中，在反平方定律确定他著名的结果后，转向一个更世俗的问题：子弹的最佳形状是什么样的？什么形状的物体能够最小化空气阻力？首先，牛顿为空气阻力作了一个数学解释，这在当时是个不小的功绩。然后，他的注意力集中到旋转对称的物体，即通过保持基准构型不变地绕轴旋转来产生的物体。这种物体的形状完全由它的基准构型决定。然后，牛顿发现了任何特定高度和表面面积条件下最小化空气阻力的对称物体。换言之，给定子弹的长度和口径，他找到了最有效的对称物体。

　　牛顿发现的形状是出人意料的：子弹头是扁的。人们曾经所预期的是尖头，认为正面的任何面积都会减慢子弹的速度。牛顿在为空气阻力做的特殊说明中做了解释。他认为空气由大量独立粒子组成，粒子相互撞击时减慢固体的运动：运动的空气阻力只是这些弹性撞击的结果。这样的话，牛顿忽略了粒子之间的相互作用和那

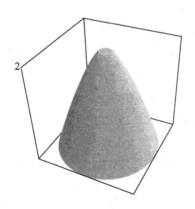

图 20　牛顿的最小空气阻力问题

牛顿问最小化空气阻力的子弹（或任意穿过空气的物体）的形状是什么样的？这是牛顿在子弹被假定为长和宽相等的情形时发现的解。如果允许子弹更长，它顶端平的部分将消失。若假定它更短(航天飞机的情形)，它顶端平的部分会变得更宽。

些撞击不是弹性碰撞的事实，所以奇怪得很，他的公式只在速度慢和速度极快时（声速的几倍）方有效。换言之，它更适合于设计飞船而不是子弹。

人们只能再次惊讶于牛顿的天才！在欧拉和拉格朗日这些变分法的创始人尚未出生的年代，牛顿发现了一种最佳的形状。为了从正确的角度来看他的贡献，请允许我指出 3 个多世纪后的今天，我们仍然不知道什么形状能使空气的阻力最小化（如牛顿的数学公式给出的那样）。牛顿所发现的最佳的形状是当物体为轴对称时，而最近不对称的物体被证明空气阻力更小，虽然还不知道哪个最佳。

《原理》出版 10 年后，我们遇到了最速降线问题。我们之前描述过这个问题，这个问题使巴塞尔的雅各布·伯努利和约翰·伯努利两兄弟陷入了一场长久的关于优先权的争论。让我们回忆一下，这个问题是关于寻找一个可以使落体从给定点以最短时间落下的形状。显然，这只是学术上的兴趣，很难理解为什么解决这一问题的荣誉导致了两兄弟的不和，除非有人就像一个在刚发现的沙滩上插上旗子并声称统领整个地方的探险家一样意识到这真的是和征服新领地有关。在 21 世纪，这些用来解决特别问题的方法被欧拉和拉格朗日系统化并合并为一种新的数学分枝——变分法。18 世纪末，人们知道了一般的方程及其大量的例子，科学家知道存在某种数学工具可以帮助他们找到最大化特定标准的曲线（更一般地，和形状）。

根据那个时代的精神和知识，用变分法解决问题意味着把手头的特定问题写成欧拉–拉格朗日方程，并找出它们的解。正如我们在前面几章中注意到的，后者只有在可积系统中才可以做到，而可积系统只是所有可能系统中的非常小的一部分。变分法的创造者没有意识到这种情况，直到 20 世纪初，在基本数学问题被解决前，他们花费了大量时间来确定可以那样解决的问题，这种问题非常少（同大量不能用这种方法解决的问题相比较而言）。

这里出现了一个不同于经典力学的非常重要的差别，经典力学中强调可以找到一般解的运动方程，但在变分法中，人们对找出这些方程的所有解不感兴趣，而只是对满足于附加条件的一个特殊解（或几个解）感兴趣。比如，在经典力学中，人们对不受任何力影响的质点的运动感兴趣。这样的质点被证明沿直线匀速运动。另一方面，在欧几里得几何里，人们对寻找两个给定点之间的最短路线感兴趣。这条路线位于连接 A 和 B 的特殊直线上，事实上是它们之间直线段。我在此处的观点是可以相信人们能够不用解决第一个问题而解决第二个问题，虽然在这个简单的例子中，两个问题都可以轻松解决以至于难以把它们区别开来。换言之，寻找运动的所有轨道，如经典力学所要求的，和寻找始于某给定点，结束于另一点的唯一轨道是有区别的。

在经典力学里，人们对解运动方程感兴趣，即为所有可能的最初条件寻找系统的所有可能的轨线。如果这些方程不可积，这不意味着相应的轨线不存在：它只是意味着我们不能有效地计算它们。从这一观点看，正如拉格朗日指出的，最小作用量原理不是经典力学的核心。它只是写出运动方程和找出系统是否可积的简洁方式。另一方面，在变分法中，中心是标准：问题的关键是使它最大化（如果是成本的话，使它最小化）。这意味着解决方法必须不仅满足欧拉–拉格朗日方程，而且满足一些边界条件，比如连接两个给定点，这会使它从欧拉–拉格朗日方程的所有其他解中区别出来。甚至不清楚这样解的存在性：方程和边界条件之间需要某种相容性。这些在理论开始时被掩盖了的困难变得越来越明显，越来越令人尴尬。1900年，希尔伯特(Hilbert)列出了当时数学上尚未解决的最重要的问题。列出的这 23个问题对 20 世纪数学的发展具有极其重要的影响，其中，我们发现了这个问题："变分法中的问题是否有解，解的概念可在一个足够广的范围内解释。"

希尔伯特的大多数问题现在已经解决了，包括这个。多亏了意大利的莱昂尼达·托纳利(Leonida Tonelli, 1885—1946)和法国的亨利·勒贝格(Henri Lebesgue)的工作，我们现在有了一个关于变分法的几乎完整的理论，这可以使我们知道一个给定问题是否有解。在 20 世纪下半叶，当它们存在时，强大的数值方法被用来计算这样的解。但是仍存在一些未解决的问题。用经典力学的方法来处理刚体问题；这不现实，因为在实践中，固体在表面受到外力作用时会变形，这种变形在其内部产生压力，可能引起断裂。另一方面，我们对处理可变形的物体知道得很少。这属于连续介质力学的领域，可以公式化为变分中的一个问题，但是现在对它还没有一个令人满意的理论。

让我们把目光从这些困难移开,可以公平地说变分法已将最优化牢牢地建立为现代数学的重要概念。最优化就是在某给定问题所有可能的解中根据一个合适的标准寻找那个最大化表现的解。历史上的第一个例子可能是牛顿的最小化空气阻力的形状。从那时起，工程师学习了用最少的成本达到预期的效果或用预定的成本达到最好的效果来建造结构，如桥梁、船舶、房屋或飞机。如今，我们拥有由技术进步带来的一系列设计问题；我们拥有可以把它们转化成最优化问题的理论；我们拥有可以帮助我们找到答案的计算机。最优化理论的范围已远远超出了工程学，进入了经济学、管理学和金融学领域。

转折点也许发生于第二次世界大战期间,当时为散布在地球上的成千上万士兵制造和分发设备、军火和食物的军事后勤学考验着人类大脑的管理能力。把这些问题公式化为数学问题的想法导致了一门称为运筹学的新的知识领域的诞生。50 年后,数值方法和计算机技术的持续进步使工程师和管理者们能够容易地找到许多最优化问题的答案。

航空公司轮换飞机和机组人员时面临的问题是一个典型的例子。对于每一次飞行，在某一预定的时间和地点必须有一架飞机和一个机组可以使用。这需要满足许多限制：飞行员不能连续飞行这么多小时或在一个月中累计飞行超过这么多小时，或连续离家这么多天。飞机在经过这么多小时的飞行后必须接受保养，一年必须大修一次。即使这样，也有偶尔失败的情况，后备飞机和机组人员必须尽快补上。问题是在机组和劳力方面用尽可能低的成本找到满足所有这些限制的安排，这是一个典型的最优化问题。第二个例子是关于把宇宙飞船送向火星的问题。这不是一个一踩油门就可以直接到达目的地的问题；飞船上没有足够的油可以达到那个目的地。在发射阶段，反应器打开，为了在着陆时不坠毁，在行进过程中它会关闭。飞行器的其他部分也关闭，惯性同引力一起推动宇宙飞船。如果它偏离了航线，反应器就会再次打开把它带回到轨道上，但这些只是小插曲。当然，宇宙飞船在路上时，这可能会持续很长时间，火星在移动。因此这就出现了一个漂亮的最优化问题：为了使到火星的旅行使用最可能少的燃料，应该沿什么样的轨线运行（或者从地球上应该朝什么方向发射宇宙飞船）？这是最小消耗的标准。其他的标准也有可能，比如最少时间的标准：给一定量的燃料，沿什么样的轨道可以尽快到达火星？

　　注意此处的难点，这是变分法的核心：无论什么标准，最小消耗还是最短时间，只有当我们在火星着陆，旅行结束后才知道它们的实际值。我们在路上时，不知道要优化的那个最终值，虽然我们有一些想法，它们随着目的地的临近变得更加准确。要有效率地操纵机器，我们需要关于现在做什么的指示，而不是当我们到达时整体的轨线应该是什么样的。这正是变分法将要为我们做的，至少在它的现代形式中，这个形式由前苏联数学家列夫·庞特里亚金（Lev Pontryagin，1908—1988）发现并公式化为以他的名字命名的原理。应用庞特里亚金的原理告诉我们旅途上的每一时刻应该做什么，是否打开引擎，如果打开的话，应该朝哪个方向操作。

　　作为对当今最优化理论的最后一瞥，我提一下具有内在不稳定性的问题。人们不总是绝对确定地知道系统的状态：测量永远都不完全准确，比如，定位宇宙飞船，人们必须把很多观察数据考虑进去，所有这些数据都会受到背景噪音的影响。起飞时尤其重要，那时有很大的不稳定性，任何小偏差都必须立即被发现；否则它会扩大并变得不可控。在有噪音观察下的最优化操作叫做过滤，这是飞机和太空工程的核心部分。也有许多结局不确定的情况。比如在金融领域，没有人知道今天价值1000美元的投资组合一年后会值多少钱，但有很多职业的或业余的投资者设法从市场赚钱：他们设法解决带有不确定结局的最优化问题。要解决这些问题，变分的经典方法和最近出现的概率论结合产生了应用数学上一个叫做随机控制的非常活跃的领域。

　　回头看看最优化技巧今天所达到的复杂程度，人们想知道它们是否可以不仅用来解决工业和管理问题，还可以用来解决一些经济和社会问题。当然，社会分配财富和权力的方式对我们的日常生活至少和它组织工业生产、分配消费品的方式同样重要。政府可以像工程师那样使用最优化理论的概念和方法帮助他们完成任务吗？能够设法像组织工业系统一样有效地组织社会吗？

当然，尝试构造一个社会理论，更别说应用它，比尝试构造一个宇宙理论更具挑战性。但数学模型在自然科学中如此成功以至于人们希望把同样的方法应用到社会科学中也会取得适度成功。在做那件事前，有一个问题需要回答：可以像修理一台坏掉的机器或制造一台新机器一样改变社会组织或重新成立一种新的社会组织吗？

这不是显而易见的。谁来做，为什么做，怎么做？在某些社会中，生活非常接近生存的边缘，在环境非常强的限制下，实际上没有改变的空间。比如，因纽特人，他们必须在长期的极夜中生存，或者阿拉卡卢夫人和奥纳人，他们生活在麦哲伦海峡的危险水域漂流的独木舟上，直到被吞没或灭绝。在生存不是个如此紧要问题的更富裕的社会中，存在一些社会性和心理性的限制，这些限制成为了成员生活中的事实。他们出生并成长于某种社会组织中，他们不会想到要改变它，就像不会想到要改变天空的颜色一样。比如，在法国的君主制时期，国王被视为上帝本人在地球上的代表，因为他的父亲和祖先都是这样的。宗教支持那一观点，就像它支持秘鲁的印加国王，中国的天子，土耳其的苏丹王一样。但后来法国大革命来了。它说明了社会秩序真的可以改变，并且从此以后这一希望就一直伴随着我们。用哲学家理查德·罗蒂（Richard Rorty）的话说："大约200年前，真理是被创造的而不是被发现的观点在欧洲人的思想里站稳了脚跟。法国革命说明了社会关系的整体情况和社会制度的整个系统可以在几乎一夜间被推翻。它使乌托邦式的政治成为惯例而不是知识分子中的例外。乌托邦式的政治不顾上帝的意愿和人性，梦想创造一个至今未知的社会形式。"①

有人可能会辩称法国革命的参与者远没有我们所描述的那种激进立场。他们是信徒，不是信奉基督上帝，而是信奉某种自然的秩序，他们认为他们仅仅是恢复社会的自然秩序。但从那以后，有太多革命使我们不再抱有存在自然的社会秩序的想法。美国宪法和前苏联的几部宪法根据非常不同的原则统治成千上万的人。它们是社会制度多变性和政治系统暂时性的证据。它们没反映出某种神圣的或自然的组织；就像艺术品和科学知识一样，它们是历史的产物。

政治制度是人类创造的事实在上古时代就为人所知，但后来又被人遗忘了，直到意大利文艺复兴时期又被提出来。希腊人发明了城邦，城区由本地公民统治而不是统治者统治。这是个基本的创新，它将在两千年后的欧洲结出果实。这是芬纳（S.E.Finer）在他伟大的《统治史》中所写到的："从苏美尔和埃及有记录的历史开始——两千五百多年来——每一个国家都是君主制：不仅在中东和东地中海地

---

① 《偶然性、讽刺和团结》（Cambridge: Cambridge University Press, 1989），3。

区，在印度和遥远的中国也是如此。这些君主都是具有绝对权威的，就像上帝一样，除了在犹太王国，那里上帝统治国王。突然出现了没有上帝式国王的政府。取而代之的是人为的、规则化的公民共和国。"① 后来，他解释了希腊人"直接处理政府形式。另外，他们完全是自觉的。一个必然结果是他们的政治完全变成达到某种目的的人为工具，并且的确总是被故意重新塑造。简而言之，这是国家作为艺术品的开始。"

中世纪后期意大利的城邦也展示了同样的创造性。不幸的是，希腊和意大利的实验没能继续下去：它们都被外来入侵打断了，这两个外来入侵者分别是希腊马其顿的菲利普和意大利哈布斯堡王朝的查理五世。军事征服和外国霸权导致城邦和它们在人类活动各领域发起的创造性的非凡时期的结束，即雅典的伯里克利时代和意大利文艺复兴时期的结束。我们足够幸运的是之前章节中提到的那两位伟大的历史学家，希腊的休昔底德和意大利的奎齐亚迪尼记录下了他们所经历的那个困难时代，把这两次尝试的主要结果流传下来。

两人都描写了可怕的事件、延续终生的战争、摧毁的城市、荒芜的农村、成千上万生灵的残骸。用休昔底德的话说："之前时代最重要的事件是波斯战争，但它很快在两次海战和两次陆战中结束了。然而伯罗奔尼撒战争持续了很长时间，在这个过程中，灾难降临到古希腊人头上，这在同一时代从来没发生过。从没有这么多的城市被占领并荒芜，有些是由于外敌的入侵，有些是由于古希腊人自己的互相争斗；而有些城市被占领后经历了居住者的变更。以前不论是在战争的过程中，还是在内部争斗中，从没有这么多人被流放，从没有流过这么多血"。②

奎齐亚迪尼的《意大利史》以类似的方式开始："我决定记录我们那个时代在意大利发生的大事。自从我们自己的统治者把法国军队召集进来后，我国就进入了极度混乱和动荡的状态。由于这些事件的多样性和重要性，它们是值得记录下来的，它们带来了可怕的后果。在这些年中，意大利遭受了可怜的凡人所易遭受的所有大灾难，有时是因为上帝正当的愤怒，有时是由于人类的不虔诚和罪恶。"③

正如我们之前所看到的，休昔底德和奎齐亚迪尼都拥有高级军事指挥权，最终的失败对他们的打击尤其大。休昔底德在北方的色雷斯统领雅典军队，在 424 年由于使安斐波里斯城落入敌手而被流放。从那以后，他的生活鲜为人知。1527 年，奎齐亚迪尼统领一支教皇部队，联合威尼斯人和法国人攻打西班牙的部队。这个联合部队在很大程度上由奎齐亚迪尼负责，应该足够强大到将西班牙人赶出意大利。但是一方的犹豫和另一方的鲁莽导致了相反的结果：罗马于 1527 年 5 月沦陷了，

---

① 芬纳，《统治史》(Oxford: Oxford University Press,1997)，316。

②《伯罗奔尼撒战争史》，1.23。

③《意大利史》(1537–1540)，1.1。

教皇在他自己的宫殿里被俘。奎齐亚迪尼解放意大利的梦想结束了，几年后，他从公众生活退出，开始了《历史》的写作。

为什么拥有如此高地位的人在他们的公众事业失败后开始写作？是为了说明这些灾难本可以避免、他们的行动不是出于神圣的意愿而是出于人类的愚蠢，希望后辈从前辈的错误中吸取教训。在一句著名的话里休昔底德这样说："无论谁希望对已经发生的事情或由于人类本性某天将以类似的方式发生的事情有个清楚的看法——因为这些认为我的历史有益对我就足够了。"① 在我们已引用的开场白中，奎齐亚迪尼接着说："这些事件充满了多样性和重要性，每个人都可以从中学到许多有启发性的教训。他们可以用无数例子说明人类关系是多么不稳定，就像被风卷起的海面"。②

换言之，他们都不想放弃。他们看到了世界运转的方式，他们参与了最高层次的决定，他们看到了士兵在战场上是如何表现的。他们看到的世界如此糟糕以至于人们只能想换一个更好的；哪怕只好一点点。但这有可能吗？这正是他们的工作所涉及的事情。他们的历史说明了未经过合理的考虑和在冲动的情绪下作出的错误决定是怎样带来灾难的。他们也说明了几个伟大的人物，雅典的伯里克利，佛罗伦萨的梅第奇是如何通过耐心和智慧为他们的人民获得长期和平和繁荣的。他们的工作后来被无能、鲁莽的继任者毁掉了，这是休昔底德和奎齐亚迪尼讲述的故事。教训是历史不是盲目前进的，个人有能力以一种或另一种方式改变它的进程。社会世界不像物理世界一样仅仅由自然法则和随机性推动，它也受人类意志的影响。我们是历史的参与者。人类的命运不掌握在上帝手中，而掌握在我们自己的手中。

在文艺复兴时期，表达这样的观点同声称地球绕着太阳旋转一样危险。所以奎齐亚迪尼用大量篇幅把它掩饰成一个虔诚的想法，掩饰成上帝找到的执行他意志的另一种奇妙的方式。在他的第一篇《记录》中，他在信念和理智之间找到了一种非常微妙的平衡。虽然他试图给人以上帝在人类事务中发挥作用的印象，但他让人类牢牢掌控：

信徒所说的怀有信念的任何人都将完成伟大的事情，正如福音书中所说，怀有信念的任何人都可以指挥山脉，这些会发生是因为信念创造固执。怀有信念就是半确定地深信不合理的或用超出合理范围的更强的信念相信合理的事情。那样，怀有信念的任何人坚决相信他所信奉的，无畏而坚定地沿着他的道路大踏步前进，藐视一切困难和危险，准备承受任何极端情况。因为世界上事情的转机依赖于许多个机会和偶然，随着时间的推移，一些意想不到的帮助会降临到那些坚持固执的人身上，它的源泉就是信念。③

---

① 《伯罗奔尼撒战争史》，1. 22。

② 《意大利史》，1.1。

③ 《记录》，1。

　　休昔底德和奎齐亚迪尼告诉我们历史上没有隐匿的秘密等待被发现,事物的进
程不是注定的, 个人有意识的行为可以改变事物前进的方向。结果是重要的。一方
面, 每个条约、每部宪法、每种制度、每个政府都是暂时的。它们会繁荣、会衰
亡,因为它们不是某个神圣或自然秩序的反映,而是人类之间的约定,而人类受制
于死亡和生活的多种偶发事件。每个帝国迟早都要消失。休昔底德见证了雅典帝国
的灭亡,奎齐亚迪尼见证了佛罗伦萨共和国的结束。我们看到了欧洲殖民帝国的结
束和柏林墙的倒塌。人类事物具有流动性并且处于永远的变动之中;某天看似可畏
的权力可能在第二天早上就消失,就像鬼魂会在鸡鸣时消失一样。这种永恒的盛衰
和消长给像伯里克利或洛伦佐·梅第奇这样有才华的人带来改变历史进程的机会。
正如莎士比亚写的:

> 世事的起伏本是波浪式的,
> 人们要是能够趁着高潮
> 一直向前, 一定可以功成名就,
> 要是不能把握时机
> 就要终身蹭蹬, 一事无成。①

　　这些观点将被意大利的马基雅弗利(Machiavelli), 法国的蒙田(Montaigne)和帕
斯卡, 西班牙的葛拉西安 (Gracian)进一步延伸。蒙田一生中出版了几种版本的《随
笔》和帕斯卡死后从他为一本未完成的书所做的笔记中收集得来的《思想录》倾向
于说明社会生活由习俗控制。他们记录了不同人、不同时代的习俗和制度的大量差
异和在不同社会里被认为是正常行为的大量不一致,明显暗示了社会法规的来源不
能归结为某个神或人性的某种永恒的特点。不存在任何统一的、永恒的东西:没有
什么稀奇古怪或令人厌恶的事情人们没有做过。社会法则和制度只不过是人类的产
物,它们存在的正当理由只是它们能够使它的成员通过互相调整行为而使社会生活
成为可能。它们存在而任何人都知道它们存在,任何人都知道其他人也知道它们存
在的事实创造了一个共同的期望,使我们在同别人交流时能预见别人的反应。

　　帕斯卡有许多说明这一点的例子。这是其中的一个:"最大的祸患是内战。如
果美德会受到奖赏的话,他们确定所有人都会说他们理应得到。对于一个因出身而
继承了权位的蠢人的畏惧既不伟大、也不可靠。"② 另一个例子是:"因为人类的
顽固和墨守成规,世界上最不合理的事情变成了最合理的。有什么比选择王后的第
一个儿子统治国家更不合理的呢? 没有人会选择出身最高贵的乘客来操纵船只,这
样的法则不公平并且荒谬。但是由于他们的顽固和墨守成规,就将永远如此,这样
的法则会变得合理且公平;选谁呢? 最有德行的和最专业的? 我们马上就可以驳倒
这个观点:每个人都声称自己是最有德行的和最专业的人。因此让我们把权力赋予

①《裘力斯·凯撒》,第 3 场第 4 幕。
②《思想录》(1670), 片段 295。

没有争议的人吧。他是国王的长子；事实清楚，没有争议。理性也不能做得更好，因为内战是最大的祸患。"①

权力不再被视为从某种神圣的权威继承了合法性；它仅仅是我们遵守的习俗，因为我们在这个习俗中出生并接受教育，因为我们看见别人遵守它。它的力量在于我们相信别人相信它这一事实：权力只是对权力的幻想。权力的实施是维持表面现象的一个持久的战争。西班牙的葛拉西安表达了一个相关的思想："事情并不被认为是它们真正是的东西，而被认为是它们看起来是的东西。很少有人调查本质，几乎所有人都满足于表面。如果表现差的话，只有意义好是不够的。" ② 意大利的马基雅弗利说："统治者没有必要拥有我所描述的所有品质，但是要看起来拥有。我甚至可以说如果他真正拥有这些品质，并严格遵守的话，对他可能会不利，但是如果他只是假装拥有，对他会有利。你应该看起来有同情心、忠诚、人性、慷慨、诚实、虔诚；如果你有决心，你也可以真的是这样的，如果需要你不是这样的，你也可以表现得正好相反。"③

所以现象先于本质。但如果别人感到的都是现象，那什么是本质呢？在可见的现实外，真的存在某些与人类随行的看不见的灵魂和意识吗？那个假设有多大帮助？我们需要吗？我们可以没有它吗，就像拉普拉斯在拿破仑王问他上帝在宇宙中的位置时的著名回答"陛下，我们不需要那个假设"。从外部，仅仅依靠我们实际看到的，即他们的行为来研究人类可能吗？这是酝酿中的另一场哥白尼式的革命：地球不再位于自然世界的中心，上帝不再位于社会世界的中心。休昔底德、奎齐亚迪尼和他们的继承者告诉我们历史同自然系统一样混乱，不存在天赐的或自然的秩序。这马上引出了一个问题：我们以什么为中心呢？历史说明了牧师和俗人、平民和士兵、农民和城市居民都追求他们所理解的利益，对别人的行为进行反应并预测。什么制度可以使社会以最有效的方式运行？休昔底德和奎齐亚迪尼工作的一个重要部分是比较社会政体和宪法，他们比较了贵族化的斯巴达和民主雅典的政体，更比较了拥有半神圣国王的波斯帝国和佛罗伦萨共和国经历了许多改革的宪法。他们关心的是找到最佳可能的宪法。这一思路产生了18世纪的伟大国体，美国和第一个法兰西共和国。

文艺复兴引出了两个相关的问题。第一个是这个自然世界是否从各方面考虑可以被认为是最佳可能的世界，这个问题我们用大量篇幅研究了。我们现在面临第二个问题，组织社会的最佳方式是什么？

① 《思想录》（1670），片段296。
② 《智慧书》（1647），片段99。
③ 《君主论》，马基雅弗利全集 (Paris: Gallirmard)，第20章。

第九章 公共利益

自然世界和社会世界之间最基本的差别是目的。当人们做某事时，他们心中有一个目的；至少，当被问到为什么那样做的时候，他们能够给出原因。人类行为具有目的性，而自然事件没有。如果一个房间着火了，人们和烟雾都会离开房间。动作相似，但原因却相当不同。人们出去是因为他们想出去，而烟出去仅仅是因为遵循了物理法则。通过这样做，它很可能最大化了一些量，如熵，或最小化了其他量，如作用量，但它不像人冲出着火的房间那样是有意识的。从伽利略开始，基于它们严格遵循一定数学法则的前提，我们有了关于物理事件的理论。基于都有目的性的前提发展人类行为的理论却需要更长的时间。这是 20 世纪的一个重要成就，同经济理论的发展紧密相连。它的历史在纳粹接管中欧后基本上从中欧转移到了美国，太长了以至于在这儿不能回溯；我仅仅提一下冯·诺伊曼（John von Neumann）的名字，他是那个科学领域和许多其他领域的重要人物。他同奥斯卡·莫根施特恩（Oskar Morgenstern）合著的书《博弈论和经济行为》对塑造社会科学，尤其是经济学的未来起着非常重要的影响。现在让我尝试描述一下今天的这个理论。

和休昔底德和奎齐亚迪尼以及他们继承者的想法一样，这一理论并不尝试倡导在不同社会和时代都有效的普遍利益的某种观点。没有判断好与坏的绝对标准，只有个人知道对他或她来说什么是好，什么是坏，这一理论所能做到的最好的程度只是记录他或她的偏爱。用经济方法研究人类行为的基本理论前提是个人有线性的偏爱，假设我们每一个人都能够根据偏爱的顺序，从最喜欢的开始，一直向下排序来划分所有可能的事情。这是所有可能性的一个完整的列表，如事件 B 在列表上的位置比事件 A 靠下，这就意味着比起事件 B 来我更愿意事件 A 发生。通常，不同的人拥有不同的列表；如果事件 A 和 B 都在我们的列表上，它们发生的顺序很可能不同，因为比起事件 B 来我更喜欢事件 A，而你正相反。

个人偏爱仅仅是个记录。没有任何一组偏爱会因为它们不理性或不道德而不被允许；如果比起鹅肝，我更喜欢花生酱，比起花生酱，我更喜欢狗肉，随便你。不会主张一个列表比另一个列表好。但是，这个定义存在一些问题。它基本上是让每个人面对一系列假设的情景让他或她排序。设想自己置身于非常真实的情形可能就已经比较困难，对于那些我知之甚少的情形怎么办呢（比如，设想我是一个电影明星，我的生活将是怎样的？），更困难的是设想自己置身于没有人曾经经历过的情形（比如，20 年前，只有詹姆斯·邦德（James Bond）使用移动电话）。另一方面，人们根据现在知道的事情作决定，而不是根据将要知道的事情作决定。像所有的模型一样，把个人偏爱简单定义为对当前感受的记录是有局限的，但对于达到目的来说却是足够现实的。

似乎是这样的，因为每个人是衡量什么是对他们自己最好的唯一裁判，最佳可能的世界将是每个人都喜欢的那个世界。那将是每个人的愿望都能实现（绝大多数人定义天堂的方式）的世界。不幸的是，这不是一个可能的世界：我们不可能都是电影明星、伟大的艺术家或成功的商人。这个星球上的大多数人将满足于免于饥饿、疾病和战争。伊甸园里的事情却不同，虽然在那里这个问题显得无聊。非常奇怪的是，猛烈抨击教会的启蒙运动的法国哲学家通过想象由于大自然的恩赐、我们原本生活在和平之中直到文明使我们堕落，并带来我们所知道的一切罪恶，重现了失乐园的基督神话。用卢梭（Jean-Jacques Rousseau）的话说，"我看见（原始人）在树下吃东西，从溪水中汲取饮用水，在提供食物的树下休息，所有的需要都可以被满足。" 天堂已经很久没有降下甘露了。我们不能够独立生存；我们依赖他人制造我们物质和文化生活所需要的物品，我们必须组织社会，所以所有的成员将为了共同的利益而合作。

但是什么是共同利益呢？个人偏爱可能正好与此对立。卢梭认为社会生活形成于田园诗般的自然状态，因为在那里个人偏爱是一致的：没有任何一个猎人足够强壮到可以一个人打死一只鹿，但几个人可以合作完成这一壮举。这时有一个可追求的共同利益。但是一旦鹿被杀死，如何分享它的问题就出现了，个人利益出现了分歧：没人可以在不损害他人利益的基础上获得更大的利益。此时就不再有清晰的共同利益了，也没有明显的分配原则。比如，所有的猎人平均分配可能不是最好的选择，或是因为这不可行（鹿肉有不同的部位，猎人有不同的口味），或者因为这不公平（第一个看到踪迹的人也许应该得到奖励），或是因为这不能满足集体需要（单身汉将同有家庭负担的人得到相同的份额吗？不能参加狩猎的孩子、妇女和老人呢？）。

许多哲学家设想这一问题可以通过假定个人追求和共同利益一致来解决。卢梭和他之后的法国革命者认为民主是这一问题的解决方法。在他《论人类不平等的起源和基础》一书的引言中，卢梭写道："我希望我出生在一个君主和人民拥有一个相同利益的国家，因此国家的所有活动将是为了共同利益；因为这不可能发生，除非君主和人民是同一个人，这意味着我希望我出生在一个民主的国家，这种矛盾可以得到适当的调和。"不幸的是，事情不像那么简单。即使民主方法也存在很多利益分歧，多数票决不能解决那一问题。法国革命很快变成反对旧秩序支持者的内战，用今天的大民主来看，我们发现大多数公民（大多数是穷困和无家可归的人）放弃投票，因此他们的利益就不被考虑。至少如果他们这样选择的话，他们可以投票，所以就有了一些受欢迎的管理政府的措施；据温斯顿·丘吉尔（Winston

Churchill）说（他本身是个贵族）："民主是最坏的政体，只不过其他政体更糟糕。"它绝非完美，的确，我认为如何改进它应该是我们这个时代主要考虑的问题。我们已见过民主领袖违背人民的意愿而加入战争，没有制度上的方法可使这个星球上的穷人被重视。

英国经济学家弗兰西斯·哈奇森（Francis Hutcheson）在 18 世纪创造了一个随后被大量引用的规则。他把共同利益定义成"对最大多数人的最大利益。"这的确是个非凡的规则，但却没有用处。如果我要分一个蛋糕，被指示给"最大多数人最大份额"对我有什么帮助呢？不是我把最大份额，即整个蛋糕分给一个人，就是把蛋糕在他们之间分，但这样的话，每人得到一小块：我以这种方式做或以那种方式做，但不能以两种方式都做。当然，增加福利同分蛋糕不完全相同。比如，如果我改进空气质量，每个人都将受益，但如果我把一个蛋糕只给一个人，别人都将享受不到。所以哈奇森的定义存在矛盾，它不能作为对共同利益或公共利益的定义。那么我们应如何定义它呢？

共同利益是个难以捉摸的概念，实际上，在任何情况下，不同人对于社会应该做什么拥有不同的观点。所以让我们放弃尝试对共同利益或公众利益下定义，把这一问题重新扔给公民吧。法国权利宣言称，"法律是大众意愿的表达。"但一个国家同一个个人不同，它不具有表达意愿的器官，如果我们要找出这一器官，我们必须建立为达到那一目的的制度和程序。有这样做的最佳方式吗？

现在人类已经拥有关于政府的广泛经验并且已经发展出很多集体决策的程序。但在 1785 年，马奎斯·德·孔多塞（Marquis de Condorcet）说明了一些流行的程序，像多数票决，可以导致立法机构自相矛盾。他 1785 年的书《按多数意见作出决定的概率分析》是一个里程碑，因为数学被第一次用于模拟人类行为。它包括现在已知的孔多塞悖论的第一个例子。假设安德鲁、布莱恩和凯瑟琳竞争某一职位，把这三个人简记为 A，B 和 C。1/3 的投票者对他们的排序是 A，B，C，1/3 的投票者的排序是 B，C，A，1/3 的投票者的排序是 C，A，B。那么有 2/3 的人比起 B 来更喜欢 A，2/3 的人比起 C 来更喜欢 B。两个提议可以被通过，"这个集体比起 B 来更喜欢 A"和"这个集体比起 C 来更喜欢 B。"第三个提议"这个集体比起 C 来更喜欢 A"有望成为另外两个提议的逻辑结果，但实际上不是。它将会被 2/3 的大多数否决。

这是多数票决的问题，其他程序不受孔多塞悖论影响。这样的程序是由谢瓦利尔·德·波达（Chevalier de Borda）设计，并于 1785 年选举法国科学院院士时提出。这个程序一直用到拿破仑（他本身是院士）认为它太民主了，利用他作为皇帝的特权改变了它。在波达的程序中，所有的投票者根据偏爱把他们的选项排名次，从他们认为的首选到末选。然后计算每位候选人被选举人所排名次的总和。比如，假设有 3 个候选人 A，B，C，如果 A 被 13 次排第一，18 次排第二，4 次排第三，他的分数就是 13+36+12=61，得分最低的候选人赢得选举。

波达的程序有很大的优势。一方面，它使投票人能够给出他们偏爱的程度；如果只有两个候选人，这种效果不会被察觉，但是如果有 17 个人，被排在第 17 位的人将真正受到伤害。另一方面，孔多塞悖论消失。如果我们使用波达程序来划分 A,B,C 的等级，就不会有不一致；如果选票显示 A 在 B 前，B 在 C 前，那么这表明 A 在 C 前。所以这似乎意味着我们找到了所追求的，即群众表达意愿的一致方式。遗憾的是，事情不是这样的，波达程序也存在缺陷。比如，想象两个候选人，A 和 B，选举团一共有 30 个选举人，其中 19 人比起 A 来更倾向于 B，所以似乎 B 会赢得选举。但是如果使用波达程序，A 的支持者可以通过再加入一个候选人来操纵选举。这个人是不被喜欢的，所以 B 的支持者会把 C 排在第三位，即最后一位，但 A 的支持者为了达到战胜 B 的目的会把 C 排在第二位。那么 A 被排在第一位的次数为 11，第二位的次数为 19，那么他的得分是 11+38=49，但是 B 被排在第一位的次数为 19，第三位的次数为 11，所以 B 的得分是 19+33=52，从而 A 被选中。

从那以后，出现了许多关于选举程序的研究，以所谓的阿罗不可能性定理（Arrow impossibility theorem）达到顶点。这个定理认为没有任何一个程序可以既不受孔多塞悖论也不受这种操纵的影响。避开这两种情况的唯一方式是指定一个裁判，然后听从他的决定。换言之，不存在完美的程序：问题是选择某些情况下的最好的方式。

在集体决策的时候，结果取决于投票程序和选举者偏爱的可能性同样多。这是政治家很久以来就知道的经验；每位议员都知道使用这些规则并以正确的顺序排列选票可以产生奇妙的结果。让我们以 1991 年 6 月 20 日那个历史事件为例吧。德国联邦议院必须从三种选择中选一个：A，把政府和国会迁移到柏林；B，都继续留在波恩；C，把政府留在波恩，把国会迁到柏林。现在知道当时实质上相对多数人愿意选择留在波恩，所以把三种选择放到一起备选，无论用相对多数还是波达程序，都会产生那个结果，因为绝大多数倾向于把政府和国会都迁往柏林的人比起把政府同国会分开更喜欢都留在波恩！① 但是，投票的程序由一个委员会决定，他们决定议会先就让步的 C 方案进行投票，如果 C 方案不能获得多数选票的话，然后再从 A 和 B 之间选择。这使投票者不用再考虑 C 方案，但是结果，我们知道，是把两者都迁往柏林，一个具有历史意义的迁移，一个最终取决于投票程序而不是公共利益或共同利益的结果。

但是，还有一个最后可以依赖的标准：如果社会中的所有成员都比起 B 来更倾向于 A，那么社会本身应该比起 B 来更喜欢 A。这被称为帕雷托标准，来自维弗雷多·帕雷托（Vilfredo Pareto，1848—1923）的名字，他是一位意大利的社会

---

① W. Leininger, 致命的投票：柏林对波恩，*FinanzArchiv* N.f. 50.1（1993）:1–19。

学家和经济学家,帕雷托标准满足我们所讨论过的所有集体决定的规则:多数票决、波达规则、甚至独裁统治原则（如果社会的每位成员比起 B 来更喜欢 A，那么被指定的独裁者也是如此，他也会相应地选择 A）。遗憾的是，这个标准可能不足够强大到能在两个选项之间作出选择:如果一些人倾向于 A，另一些倾向于 B 的话，应该怎么办呢？我们将必须采取一定形式的集体决策，我们又回到了之前所列出的困难。另一方面，帕雷托标准使我们能够消除许多次等结果:如果所有的人比起 B 来更喜欢 A，比起 D 来更喜欢 C，那就没必要考虑 B 和 D，真正的选择在 A 和 C 之间做出。

帕雷托标准是关于效率的标准:如果 A 和 B 是社会的两种可能的状态，如果根据帕雷托标准，A 优于 B（即所有人都认为 A 优于 B），那么 A 是使用集体资源的更有效的方式。换一种方式说，如果社会处于某种状态，还存在另一种所有人都喜欢的状态，那么社会一定在浪费某些资源。比如，想象一下分蛋糕。有许多可能的方式，从独裁的方式（把蛋糕给一个人）到最平均的方式（给每人相等的一块）。我们不能根据帕雷托标准给它们分等级:它们都是有效率的。比如，平均分配并不比把所有的都给一个人无争议，因为那个唯一的受益者会有异议。帕雷托标准告诉我们剩下未分配的蛋糕是没有效率的，因为如果那样的话，我们需要通过再给大家各分一小块来分配剩下的。

获得经济效率不总是那么简单:在大组织中难以发现闲置和浪费。因为这一原因，许多经济学家提倡首先关心效率然后让财产重新分配来自我完善。比如，在经济发展中，这意味着采用能够增加国民生产总值的政策，希望整体的增长最终会使所有人受益，或许是通过一个未具体说明的涓滴式过程先让富人受益再惠及穷人。遗憾的是，不存在这么做的令人信服的理由，在历史上却有反例。另外，关于效率的争论经常被用于政治目的。比如，殖民化的整个过程是欧洲人在外国土地上安顿下来，控制或消灭当地人，借口是使土地比前面的拥有者得到更好的利用。不发达国家，主要是前欧洲殖民地从中深深地吸取了教训，可以理解为什么他们不愿意加入全球经济协议，即使这些协议会增加世界经济的效率，他们担心重新分配。

所有这些意味着帕雷托标准不是一个最优化的合适标准，因为它不能区别对待，它也许可以用来判断极不公平的事情。如果我们要把最优化理论作为经济决策的工具，需要找到另一个标准。在诸如决定是否修建一条新公路这么一个简单的问题上，我们遇到一系列问题。如果修建公路，就一定存在获利者（那些行程缩短、生意沿新公路线突飞猛长的人）和失利者（土地被新公路占领的土地所有者和因为交通路线变化失去顾客的商人），两类人都对自己的意愿直言不讳。考虑到一些人不能在那儿表达他们的感受，我们怎么平衡这两种人的意愿呢？就算修建那条公路被认为对大家都有好处，就没有使用那笔钱的更好的方法了吗，比如，在别的地方修建一条公路会不会更有益处？放弃修路,把钱投入教育或健康事业怎么样？帕雷托标准没告诉我们选择哪个项目。它所说的是不论你做什么，都要确保不浪费。

所以我们需要一些标准帮助我们作决定。存在几种可能的标准,你选择的那个标准代表你对公共利益和共同利益的看法。最流行的标准之一是让受经济项目影响的各方评估实现那一项目将会给他们带来的收益与损失；然后把收益相加,减去实现项目的成本和个人要承担的损失。这称为功利主义标准,结果被称为项目的社会价值。如果这个值是正的,此项目被认为符合公共利益,但这不意味着应该实现该项目,因为也许还存在另外一个具有更高社会价值的项目。实际上,主要的问题与其说是寻找具有真正社会价值的项目,不如说是寻找最佳的那个项目,即拥有最高可能的社会价值的那个项目。

功利主义标准基本上是波达规则的货币版：每一位利益相关者通过说明他们可以从该项目中获利多少或损失多少来支持或反对该项目。虽然这是在公共经济学中被广泛应用的标准,它也表现出某些缺点。首先,并不是所有的事情都可以令人满意地用货币的术语来表达。麦地和核电站都具有资本价值,但对个人来说,它们都意味着生计,如被剥夺,人们必须评估重新安置和变换工作的成本。另外,评估环境成本非常棘手：我们如何找到个人对清洁的空气和宁静的夜晚的标价？这不仅本身是个困难的事情,而且还易产生各种虚假的借口和操作：为了能够获得更多赔偿,人们经常容易被诱惑夸大个人损失,向税务征收人员隐瞒自己真正的收益。即使我诚实且愿意,为什么我会是对自己收益的最好鉴定者呢？如果我通过挥霍不劳而获的大量财富,有了奢华的品位怎么办？如果我愿意冒险而由于这个冒险现在得花费很高的代价才能得到我的支持怎么办？当然,如果我非常富有,能够让我觉得合理的由于给我带来诸多不便而补偿给我的钱的总数肯定比我很贫穷的情形要多很多；一个无眠的夜晚对比尔盖茨比对特蕾莎修女（Mother Teresa）来说值钱得多。对于这些差别,我们应该怎么办呢？

在约翰·罗尔斯（John Rawls）的名著《正义论》中,我发现了共同利益的另一个标准。比较 A 和 B 两个社会可能的状态,让我们看看在这两种状态下的最差生活吧。假如,在 A 状态中,1组是全体社会成员中最差的：把他们的收入水平定为 i_1。在 B 状态中,2组是最差的：他们的收入水平是 i_2。如果 i_1 高于 i_2,我们可以说A状态优于B状态。换言之,如果社会最穷的成员（在各状态可不同）在第一个状态中比在第二个状态中得到的待遇好的话就说明一种社会状态比另一种社会状态更可取。公平点说,约翰·罗尔斯的标准把其他的考虑放在第二位：他首先要求社会尊重一定的基本权力。如果这些被满足了的话,就将考虑经济,然后他根据这些标准给可能的状态划分等级。注意在功利主义标准和罗尔斯标准之间还有许多其他的标准,以这些标准计算一个项目的社会价值时,会给予个人不同的权重。比如,我们决定每个穷人可按两个富人计算,在算入总体收支平衡前,我们两倍化了他的利益（或损失）。用这种方式，在特定项目的影响方面给予穷人更多的照顾，在罗尔斯标准里，他们是唯一被考虑的因素。

在所有这些标准之间没有自然的选择：你选择的那个说明了你对公共利益的看法。如果你是功利主义者，你选择第一个；如果你支持罗尔斯，你选择第二个。你也可以定义自己的标准：如果你感觉你选区的选民或你改选运动的贡献者应该得到更多关心，在计算项目的社会价值时，你可以给予他们更多权重。这是社会计划的一个关键步骤，因为人们选择的标准体现了要达到的所有不同目的间的妥协。但是一旦这个障碍被清除了，我们就会发现这仅仅是第一个障碍：我们很快遇到另一个障碍，即实施的问题。把做决定公式化为一个最优化问题，找到正确的解决方案是不够的：社会规划者必须说明这个解决方案怎么去实施。在某种程度上，工程师也遇到那个问题：找出桥梁的正确形状和结构还不够，必须解释如何利用现有的机器或通过制造新机器来建造它。只是工程师同机器和材料打交道，而社会规划者同人打交道。

过去30年经济理论的大多数进展致力于研究社会规划者面对的问题。它们大致可以分为两类：信息的不对称和个人的战略性行为。如果假设这些问题不存在，我们将得到一个关于行政运转的完全脱离现实的画面。遗憾的是，它在政治思想中依然盛行，至少在法国。假设每位国家机关的公职人员纯粹出于对公众的爱，在对工作表现没有金钱奖励的情况下，工作得非常好。每位市长、警察或法官，虽然被赋予了很大自由决定的权力，被认为出于对责任的尊重，不会为个人目的使用权力。假设每家公司迅速地为行政机关提供计算税率需要的所有信息，特别是为产生负面效应的活动而征收的环境税。假定司法系统如此有效率以至于可以阻止各种勾结、堕落或当行政机关授予公共工程合约时的偏向。也假设用于支持某公民群体的政府政策不会转向原本不属于既定受益人但却要求成为受益人的其他群体。

我并不是声称国家公职人员或公共官员腐败或不关心公共利益，我只是说像其他人一样，他们有自己对于利益的看法。战略家倾向于认为应该在防御上多花钱，一位汽车制造商的话非常著名，他说"对通用汽车好的对美国就好。"大家都倾向于从个人经历或自己在社会中的位置看待公共利益；很难把没有直接经验和不熟悉的观点考虑进去。另外，权力当然可能落入那些试图把它据为己有的人手里；的确，人们可能害怕正好是这种人掌权并设法增加权力的份额。传统的补救方法是创造一些监督，一些可以确保公共利益不会被忽视，个人野心处于可控制状态的个人或机构。那么，这样就遇到了一个老的问题：谁将监督这些监督者？我们可以假设他们没有人性的弱点，永远也不会被权力腐蚀吗？

如果我们假定宇宙中存在一个人或一群人完全致力于公共利益，我们可以让他们当权并管理国家事务。这是许多乌托邦国家的基本观点，比如，柏拉图的由哲学家统治的理想国,或由共产党执政的苏联。柏拉图非常幸运没把他的理想付诸实践,苏联却变成了残忍的专制,而不是它的创始人所希望的社会主义天堂。这只是一个更普遍问题的特殊方面:具有特殊设计目的的制度实行起来却可能跟当初的设想非常不同。一个著名的例子是第四次十字军东征,它的发动是出于宗教目的,要解放被异教徒占领的耶路撒冷。他们没有去耶路撒冷,而是在 1204 年屠杀和掠夺其他基督徒之后占领的君士坦丁堡的城墙下就结束了,君士坦丁堡是拜占庭帝国的首都。毫无疑问,这次远征远没有加强东方的基督,反而加快了拜占庭帝国的衰落和它最终被土耳其人占领。

即使不诉诸于历史事件,我们中的任何人都可以举例说明公共机构不是受单一目的驱动,它的成员总是用手段图谋权力并驾驭它为自己的事业和野心服务。为了非常世俗的利益,战争被发动、人类被屠杀。经验教训是构思由上帝控制、天使任职员,可以看透人们的心思并完全致力于公民福祉的机构是没用的。在现实世界中,机构由普通男女运作,他们明白自己的任务,但同时也专注于自己的事业。在一定环境下,他们可能尽最大努力去做,但他们的知识是有限的。他们不知道一些相关信息,他们只有那么多时间做每件事,他们将不得不例行公事,这将使他们变得冷酷并引导他们的思想进程。每天都同有自己的目的和关注的事物的个人和组织打交道,这种经常的交流带来共同调整,就像沙滩上的鹅卵石被把它们聚在一起的浪潮打磨得滚圆。

经济学家经常错误地在某些方面过于乐观或在其他方面过于悲观。他们的模型是很多有远见和自私的人,他们有无穷的算计能力。这些人可以预见到他们行为的结果和结果的结果。他们对算计事情永不倦怠;他们的智慧轻松地在因果关系梯上上上下下;激情和焦躁都不会干扰他们推理的清晰度。他们知道这个世界上的其他人也是这样的,就像按其他他们知道的信息行动一样他们按这个信息行动。他们考虑别人对他们行为的反应;知道别人和他们相似,他们可以通过换位思考推断出别人的反应,就像棋手尝试向前多看几步棋一样。组织的运作方式,无论是私人公司还是政府,同一场庞大的象棋或扑克比赛相似,选手们都设法根据对感觉到的对手行为的推断调整自己的行为。因为每个人都这样,可能会出现这样一种情况,每个人做的都是其他人所期望的,假定别人恰好做的是他所期望的,最后以获得他自己的最大利益而结束。这种情况叫做均衡,在第七章中我们已经用大量篇幅描述过。

有人可能怀疑整个的均衡概念不现实:我们真的理智地行动了吗?我们想过行动的后果吗?我们没有主要受到金钱驱使,环境压力或习惯力量的引导吗?事实证明这只是看待均衡的一种特殊方式。我们已经把它介绍为理性生物同时得到同一结论的情况。但这也是一个从一个有足够感觉意识到之前的政策是否成功的人那里的同时学习过程的结果,如果是成功的,则可以继续使用,如果不成功,则改变。我们之前也描述过生物是怎样相互适应并同环境相适应的,所以人们可以出生在一种均衡中并通过天生的行为而不是智慧策略来支持它。

　　一种均衡在很大程度上是人为的,因为它依赖于相关各方的期望同依赖于整体情况的任何客观成分一样多,就像股票价格或汇率依赖管理者的想法同依赖公司或国家的任何基本原则一样多。存在许多种不同的均衡,其中每一种都是协调期望和行为的特殊方式,使得第一种支持第二种。每一种都是这样的情景,我由每个其他人从其自身立场出发决定某个策略对我的影响来确定我的策略,这些策略正好导致每个人的期望被确定。换言之,如果一个团体处于均衡中,它的成员则从来不对彼此的行为感到惊奇。对外人来说,这看起来是一系列每个人都遵守的支配社会交往的行为规范;这些规范是会自我实现的,在某种意义上,假设别人遵守它们,从我们的最佳利益出发我们也需要遵守它们。

　　问题是这样的规范不是天生的。最开始的时候,从数学的角度讲,许多不同的均衡是可能的。蒙田和他之后的许多人对比不同人的习惯和道德说明它们同我们的教育所认为的理所当然的那些习惯和道德有何不同。教育的目的是训练我们生活于一个特别的社会,即在我们心里发展一套习惯和价值观,根据它们,我们出生在的这种均衡是唯一"自然"的,并且比其他的"精神上高级"。我们感到它自然是因为这是我们唯一感到舒服的一种,我们认为它高级是因为我们没有被训练得拥有其他种均衡所传达的价值观。这并不是说存在任何其他更有价值的选择。社会规范是未说出来的协议,它通过指出每人扮演的角色和别人的期望使社会可居住。我们大多生来处于自己的角色,不太考虑那种特别角色是怎么得到的。重要的一点是已经这样了,每个人都理解自己的角色。

　　正如帕斯卡所说:"通过外部表现而不是内在品质判断人是多么正确啊!我们两个之间谁更有优势?谁将退让?是最不聪明的那个吗?但是如果我和他一样有才华,我们将不得不通过决斗决定。他有4个随从,我只有1个:这很清楚;我们只需要数一数就知道;我应该退让,继续抗争的话,我就是个傻瓜。通过这种简单的方式,我们得到了和平,这是最大的福祉。"[1]　同样,帕斯卡指出法律只是一个规范问题。法律的权威性来自于它是法律并被认为是法律这个简单的事实。没道理认为它的合法性来自某种神圣的权威或自然法则。需要遵守法律是因为它是法律,不是因为它主持正义:"习俗产生公平,因为它被接受这个唯一的原因;这是它权威性的神秘基础。把它带回原则的人会破坏它。没有比矫正错误的法律更错误的路;遵守法律的人之所以遵守法律是因为他遵守了他想象中的正义而不是遵守了法律的本质:它完全是它自己。它是法律,别的什么也不是。调查它基础的人将会发现它如此脆弱、如此微小以至于惊奇地感到一个世纪就已经足够给它罩上这样的光环

_____

①《思想录》,片段 320。

和威望，除非他已渐渐变得习惯于人类想象的奇事。①

我们现在转了一整圈了。本章以思考最优化理论的工具是否可以用来管理人类社会开始，我们发现我们需要一个最优化的标准，即关于共同利益（或公共利益）的可接受的定义。缺少这样一个定义，我们从另一个方法开始。假设一个群体中的每个人都知道他或她最大的利益是什么。假如他们是理性的，即他们持续地、有策略性地扩展这些利益，这会将这个群体引向哪里？答案是它将会把它带入某种均衡，但也许存在很多种均衡，我们如何从中选择呢？鉴于此，我们需要一个共同利益的标准，这正是我们从一开始就缺少的。

当然，人们可以强加这样一个标准，或教育群体接受这样一个标准。比如，某些均衡也许被证明是无效率的，所以把社会转到另一种均衡重新分配创造的财富也许对每个人都有利。即使这样一个看似简单的操作也可能非常难以执行：人们会对自己的情况撒谎，因此歪曲进程，保证重新分配真正发生不是件易事。还存在其他一些共同利益不太清楚的情形。比如，现在全球变暖的情况在科学界已经是共识了，保持目前水平的人类生产的温室气体排放量将会在本世纪初导致气候变化，将会给对大多数国家带来灾难性后果。孟加拉国将消失，各地的海岸线将向内陆后退，欧洲会失去它温暖宜人的冬天而变得和美国东部的气候相似。但其他国家的情况可能会好点；由于永冻土消失，俄罗斯在西伯利亚可以获得大量的可耕种土地。我们大多数人会认为共同利益会阻止这件事发生，因此现在立即减少温室气体的产生。但是发展中国家认为这非常不公平，它们不对这种情况负责，现在却要以推迟经济发展为代价作补偿。当前状态的主要受益人也感到不公平，美国这个认为自己的生活方式是唯一"自然"的国家认为没有减少温室气体排放量的理由，即使地球上的其他国家对此不能承受。这种情况主要有两种可能的结果。一种是出现某个减少温室气体排放的共同协议和被赋予监控遵守情况权利的一个国际权威，一种是欧美出现殖民复苏，在新的地方夺取合意的土地，在经济欠发达的地区维持像中国和印度那样蓬勃的发展势头。第一种方案意味着实施共同利益的某种观念；第二种仅仅是一种均衡，由军事力量做后盾，就像之前的许多均衡一样。过去的政治发展可被视为这两种选择拥护者之间的斗争。

我们现在到了旅行的终点。它始于带有基督价值观的文艺复兴社会。比如，如果不理解他们认为世界由上帝创造，就不可能理解伽利略或莱布尼茨这样的思想家。自然法则仅仅是上帝创造世界时所遵循的规则，科学的目的是通过观察找回它们。也还存在一种更深层次意义的科学，即寻找上帝创造世界的目的。这是莫培督在某一辉煌时刻认为他已经找到了的，因此永远使科学和宗教一致，它们都在寻找上帝的意志，一个在物质世界里，一个在精神世界里。

①《思想录》，片段230。

我们的旅程在一个上帝退去的世界结束，把人类留在一个并非他们选择的世界。但是技术的进步可以使我们通过塑造我们的环境和我们自己来扮演上帝，现在这已达到全球规模，并以前所未有的速度增长。我们想怎么利用这种能力呢？在所有的可能性中，我们要创造一个什么样的世界？这是一个全新的问题，是人类在全新的环境中需要面对的。早期发展的智力范畴和道德价值必须同科学带给人类的变化相结合。比如，我们的个人特性和品质可以通过化学方法改变；我们的身体可以通过整容手术改变。我们的品位和观点由来自营销、广告、大众通信和新闻业的专业人士和舆论导向专家塑造。大量的金钱和精力被投资在使我们渴望企业想卖给我们的东西和使我们同意当权者想要做的事情上。那么道德哲学的传统建议"了解你自己"的含义是什么呢？我应该深思忧伤和近视的后果还是应该服用"百忧解"（一种治疗精神抑郁的药）并做眼睛手术？据说贝多芬死于铅中毒，但是据说铅中毒也激发了他的创造才能。他应该被治愈吗？谁是真正的贝多芬？是写了迪亚贝利变奏曲和第九交响曲的聋子天才，亦或是假如他的疾病被确诊，这在今天当然是能做到的，而代替他的那个更平凡但健康的音乐家？

随着基因工程的进步，可能很快就能证明人类物种像个人一样可改变。我们已经能在胚胎中发现不想要的基因，因而这引起了一个之前不曾出现过的道德问题。从发现基因到真正改变它们，即根据我们的意愿塑造后代只需要几十年的技术进步。这样的时代正在来临，那就是普通人、普通夫妇想要一个婴儿时将面对的过去几个时代的哲学家、神学家和道德家认为超出我们能力的任务：设计人类。对于这类决定没有先例，除了在圣经和其他关于创世纪的神话书上，但它既然变成了人类经历的一部分，不管怎样都会发展出准则。无论这些准则是什么都会给人类重塑自我和掌控进化过程的可能性留下空间。正如我们今天所理解的，这是对共同利益思想的最后一击。定义由具有明确目标和品位的理性个体组成的社会的共同利益是非常困难的。但是如果今天存在的个体只是通向更高、更好人类状态的跳板，而对于这种人类状态我们除了知道他们与我们不同之外对其他一无所知，那么这个任务就会像在水中建雕像一样变得不可能。

第十章　我 的 结 论

　　我在本书中所讲的不是一个关于失败的故事。相反，本书是对巨大的和未预料到的成功的记录。从伽利略的原始望远镜到哈勃太空望远镜只用了 400 年时间，伽利略用他的望远镜发现了月球上的山脉和海洋以及土星光环，哈勃太空望远镜在距地球数千英里的高空巡航，从距离地球数十亿光年外的星系上给我们发送照片。现代物理学家不再爬到塔上扔石头，而是用直径好几英里的圆形加速器发射相互碰撞的亚原子颗粒。伽利略关于自由落体运动的最初定律（速度的增加与消逝的时间成正比例）现在已被视为爱因斯坦广义相对论概括的时空观中一个更深刻性质的很小推论。

　　莫培督认为最小作用量原理是世界的蓝图。一方面，它包含了自然的所有秘密，因为根据它通过数学论证可以推导出物理法则。另一方面，它有着这样一个非常明显的目的以至于很清楚地知道在它背后存在一种意愿。如果没有一只隐形的手指引它们，自然运动怎么能够最小化"作用量"的总支出呢？如同滑雪者在没有任何划痕的雪地上滑出一条道路让其他人跟进一样，如果没有更高的智慧引导，光线怎么能够在众多可能的路线中选择最短的那条呢？事实上，我们现在知道情形不是这样的，现实要丰富得多。光并不沿最短路线传播：自然运动也不最小化作用量。在这儿正确的观念是稳定而不是最小化，这需要用某种数学思维去理解。这似乎让人感到困惑，因为这一观念比我们的日常经验更前进了一步，虽然日益增加的应用已使它更易被接受。今天的物理学和数学比莫培督时代的要丰富和宽广得多，但是最小作用量原理（在它的修正版里，最小作用量运动被稳定作用量运动代替了）仍然发挥着作用。它不再被认为是自然的基本法则，但仍是探索新发现（比如格罗莫夫的测不准原理）的一个数学工具。事实上。不需要一只隐形的手帮助光找到稳定路线，这只是光是由波组成的、而波则根据在莫培督之前很多年惠更斯就已经知道的法则传播和相互干扰这些事实的许多推论之一。以类似的方式，量子物理的发现为最小作用量原理提供了一个坚实的基础：正如费曼六十年前所指出的，它只不过是微小量级上物质结构的一个宏观推论。

　　最小作用量原理的结束看起来非常不同，但比莫培督猜想的更加有意思。形而上学消失了，但物理学和数学更深刻、更好了。也许莫培督会对这样的结果感到失望，但更伟大的科学家，如费马、惠更斯、欧拉、拉格朗日将会对我们在理解自然的过程所获得的进步感到胆战心惊。不幸的是，他们也许已经预期过可以和科学知识的进步相匹配的人类社会的发展，他们不得不非常失望。如果他们今天仍在世，他们一定会被告知 20 世纪的恐怖，数以千万计的人在第二次世界大战期间被杀害，在平民没有被事先警告的情况下，两座城市被原子弹夷为平地，数百万吨炸弹从德国和越南的上空投下，在欧洲、中东和非洲有数百万无家可归的人，以及对亚美尼亚人、欧洲的犹太人、柬埔寨和卢旺达的种族灭绝。得益于先进的技术和管理，杀人现在变成了一种工业过程，这一特殊工业的效率也同其他工业的效率保持一致的步伐。看起来人类自第一次由于部落之争而聚集到一起以来并没有得到进化，他们现在只是不再拿着矛冲向敌人而是变成互相投掷炸弹。更糟的是，那些操纵杀人过程的人离结果端如此遥远以至于他们根本就感觉不到自己在做错事，甚至感觉不到这有什么不寻常。他们像阿道夫·艾希曼（Adolf Eichmann）一样拥有办公室工作；用汉娜·阿伦特（Hannah Arendt）的话说，邪恶已变得很平常。

即使对于那些不是人类恶意创造力的承受者的人来说，技术进步和持续的人类虐待之间的矛盾也非常恼人。有人天真地期望过去 400 年积累的大量知识也将使我们能够生活于一个富饶、和平的星球，这些知识曾使人类能够在月球行走。这显然不是事实。欧洲，大陆板块中最有修养的一个，总是生活着大量和平主义者和社会主义者的地方，发动了两次世界大战并且消灭了那里大部分的犹太人。我们没有从这些事情上学到什么。在我成年后的人生中，我看到折磨被用作恐吓和统治人们的方式，通过拉丁美洲、非洲和中东的独裁，也通过法国、以色列和美国的民主，而且我发现这令人非常不安：我们不仅拥有更加有效的互相杀戮的方式，我们也有施加痛苦并充分利用它的更有效的方式，以至于相比之下杀害也许看起来更仁慈。"911"后，情况变得更糟；即使在英国这个人身保护法的诞生地，一个人就可以在不知因何被控告，被谁控告的情况下被拘留。在国际范围，美国政府已踏出国际公约的复杂网络，试图创建某种从美国宪章出发的国际法则，宣布有提前防御的权力，即对感到威胁的任何人或世界的任何地方立即采取军事打击行动。这是罗马帝国采用的那种专权；两千年来，自然科学已经有了很大进步，但政治科学却明显没有进步。

对这种不幸局面的一种反应是绝望：如果科学知识把更强的武器放到了强权者的手中，那它有什么好？量子物理需要用什么成就才能弥补它发明原子弹的罪过？激光，CD 和 DVD 播放器，所有的数字技术现在对于人们的生活如此重要，所有对原子能的和平应用也许会在矿物燃料用光或我们终于确定燃烧它们太危险的时候拯救我们。的确是这样的，但是即使今天的人们比他们祖先的寿命更长，健康状况更好，各方面享受更多舒适，他们可能并不感到更幸福。这是因为幸福同个人的经历和所接触的人有关；如果我感到沮丧，我不会因为想到两个世纪前很少有人活到我这个年龄而感到欣慰。也是因为大众传媒把世界变成了个地球村，正在把难以置信的困苦的清晰画面带到每一个家庭。饥荒和屠杀一直以来都在世界各地发生，但是只有现在信息网络和因特网使它们立即引起我们的关注。像经济一样，现在的人类经验是全球化的。它大都被报纸、收音机和电视塑造，我们的舒适感和幸福感取决于我们所读到的、所听到的和所看到的。最终的结果是我们比我们的祖先直接暴露在更多的悲惨境况中，我们看到这些境况一直存在且没有得到改进，比如伊拉克战争，因此我们倾向于把这个世界看成一个更缺乏安全和幸福的地方。

　　总的感觉是科学给了我们更长久的、更好的生命，但并没有教给我们怎样度过它。当然，我们已见证了很多知识领域的巨大进步，从数学到人类学，你也可以有效地辩称科学已分为多个独立科学，其中的每一个都拥有自己的操作规则，每一个都有成功的记录。但没有出现一个对于世界的统一的观点。实际上，大多数科学家非常专业化，对于自己专业之外的其他科学知之甚少，更别提整个世界了。人们可以找到几乎持各种观点和信条的科学家，也可以找到与其关心的事业直接相关的科学家。能够设计登月方式的科学家却不能回答每个人面对的基本问题：我是谁？我将要去做什么？想到这些不免让人有种失望感。比起提供答案，科学似乎提出了更多问题，但是人类正在寻找确定性，如果科学不能提供答案的话，其他的将提供，比如宗教和意识形态。的确，20世纪前半叶是意识形态的世界，以法西斯主义和共产主义之间的血腥冲突而结束，后半叶，宗教成为主要因素，这也许把我们引入了亚伯拉罕教义间的另一场冲突——所谓的文明冲突。

　　我想这些是错误的态度。没有理由绝望，我们也不应该被教旨主义引向集体毁灭的道路。自从伽利略把望远镜指向夜空，我们就学会了比把人类送往月球更多的知识：我们学到了一种研究的方法。它由依靠事实和从事实推出正确结论组成。建立事实是它本身的一个目的；理想地是人们应该怀疑传统和社会传下来的所有确定性，然后尝试通过反复观察和实验找到可以安全成立的真理、可以永远重新调查和检验的真理。这是笛卡儿理论化的科学方法；正如他在1637年出版的《科学中指导推理和追求真理的方法论》一书的标题中所指出的，这种方法是普遍的。它在科学上的应用取得了巨大的成功，没有理由不在哲学或尝试建立指导我们集体和个人生活的某些原则方面发挥作用。这正是笛卡儿尝试做的，也正是我们应该做的，我们都应该以自己的方式，根据我们的经验，重新检验自己相信的东西。笛卡儿得到的一些结论我们自己也可以得到。他的方法不会带来任何详细而精确的行为规范和道德，正如科学不会教给我们如何生活，他意识到并接受这一点。但是他引入了"道德规范"的观点，"正在起作用的道德"，也就是说直到发现更好的之前它一直起作用，这同科学理论在进步和发展没有使它变得过时从而支持另一种理论之前一直有效一样。换言之，在道德中正如在科学中一样，我们还没有得到一个确定的、包括一切的真理，也不确定我们是否能得到。但过去几个世纪的历史说明不完整的、暂时的真理也可以在科学上使用并产生巨大的作用,没有理由相信它在道德和哲学中会有什么不同。换言之,不要为自一开始人类就一直苦苦寻找但仍没有确定答案的问题而失望。拥有部分答案,把它们拼凑成一个不完整却可以运转的理论,并为使它更加完整而努力就足够了。

我在此所声称的是不愿意接受任何不能通过论证和经验辩护的事情的理性主义还没有穷尽它所有的可能性,并还有很长一段路要走。在某种程度上,这只是另一种信仰,同所有信仰一样是不理性的。我个人认为对理性的信仰由经验支持,但对复活或轮回的信仰不是,但是这种论点将不会使一个基督徒或印度教徒改变信仰除非她已经顺从经验,即除非她已经是个理性主义者。那么我们为什么相信理性主义和科学方法呢?

第一组理性需要做选择。如果我们不认可理性是人类行为的主要动力,我们的决定由对于可能结果的理性分析而得出,那我们必然让感情和激情占据这个位置。人类有不理性的一面是事实,不理性可以带来他们最好的结果,但有时也带来最坏的结果,从长远看,坏的结果占多数。如果理性辩论不能被接受,那就将用武力解决争端,如果没有可接受的共同点供讨论,武力就是唯一的解决方式。正如波普尔所说,"理性主义同人类统一的信念紧密相连。不受任何统一规律束缚的非理性主义可以同任何信念结合,包括兄弟之情的信念;但是它很容易同一个非常不同的信念相联系的事实,尤其是它很容易支持存在一个被选中的人、人类分为领导者和被领导者、天生的主人和天生的奴隶这一浪漫信念的事实清楚地说明一个道德决定涉及它和批判理性主义之间的选择。"① 波普尔继续说道:

"信任理性不仅是信任我们的理性,而且也是,甚至更多的是信任其他人的理性。因此,一位理性主义者即使认为从智慧上说他比其他人高明,也会拒绝声称权威,因为他意识到,如果他的智慧高于其他人(这对他来说很难判断),也只是到目前为止他可以从批判以及别人和自己的错误中学到一些东西;并且意识到一个人只有认真对待其他人和其他人的意见时才能在这种层面上学习。理性主义因此拥有倾听和允许他人为自己的论点辩护的思想……最终,以这种方式,理性主义同社会机构有保护批判的自由、思想的自由和人的自由的必要的认知相联系。"

我个人的理解是理性地辩论的能力和我们所知道的由此带来的创造和理解科学的能力正是人类区别于其他动物的地方。如果我们将来遇到一群以我们不理解的方式行事的生物,看来像是以适合他们目的的方式使用自然,一个有意思的情形将会出现;这种情形斯坦尼斯拉夫·莱姆(Stanislaw Lem)在他的书《索拉利斯星》中描述过,这本书中的生物实际上是整个星球,它处理人类入侵者的方式正如我们处理蚂蚁群体一样,试图找出他们对刺激的反应和他们是如何交流的。但是这是科

---

① 波普尔,《开放社会及其敌人》,第 4 版(Princeton, NJ: Princeton University Press, 1962),第24章。

幻小说，虽然他提出了关于理性观念的深层次问题，人类现在有需要关心的更加紧
迫的问题。此外，我认为人类能够而且应该用他们理性思考的能力来认识彼此，即
使他们在很多情况下的想法和行为都是不理性的，这是他们之间最坚固的纽带。这
种能力甚至在从未暴露在我们所知道的科学中的社会中是显然的。正如列维·施特
劳斯（Claude Levi-Strauss）所反复指出的，人类用已掌握的一点一滴串成了智慧
系统，这就像一位业余的做零活的人，他没有专业人员的工具（甚至不知道那些
工具的存在），但能够使用手头的工具，使它们为他所用。人类经验的多样化一定
带来某种秩序的假象，如果科学不能达到那个目的，社会就会求助于神话、宗教和
意识形态。修饰信仰的这些系统，通过不断添加新的东西保持它们的活力，设计把
它们各部分联系起来并抚平差异和矛盾的方法需要相当多的智慧创造力。比如，如
果人们想象伊本·西那（别名阿维森纳）（Ibn Sina\Avicenna）的著作《安全书》，摩
西·迈蒙尼德（Moses Maimonides）的著作《惑者指南》，托马斯·阿奎那（Thomas
Aquinas）的著作《神学大全》所需要的智慧，所有这些书都尝试建立调和亚伯拉
罕宗教同亚里斯多德哲学的信仰系统，人们必然把它们的作者认为是具有最高水平
智慧成就的人。阿维森纳和迈蒙尼德首先是作为内科医生而被人们所熟悉，他们的
大部分作品涉及医药；他们实际上是他们那个时代最伟大的科学家。如果他们今天
仍然活着，他们将知道物种进化和遗传密码；人们想知道他们将从日益增长的知识
积累中发展出什么样的系统。

　　我们应该沿着他们和许多伟大思想家为后辈指明的方向前进：使用理性的力量
把人类从自然力量、人类压迫等各种束缚中解放出来。这需要的是勇气：接受别人
告知总是比自己思考简单得多。伊曼努尔·康德（Immanuel Kant）写道："懒惰和怯
懦是许多人在自然把他们从外来行为解放出来后仍然终生处于监护状态的原因，也
是他们如此容易地让别人作为监护人的原因。"[①] 但是补救方法就在手边；正如格
奥尔格·克里斯托夫·里希登堡（Georg Christoph Lichtenberg）所说，"对了，先生，
我确实不能制造自己的鞋子，但我可以创造自己的哲学，在这一点上我将不会让任
何人为我作选择。"自己作决定，甚至是在重要事件上自己做决定并不像那些为你
作决定的人试图让你相信的那样难。最近，诺姆·乔姆斯基（Noam Chomsky）已有
力地表达了这一观点，比如"我将不会把对社会问题的分析同科学问题联系起来，
在处理科学问题前需要专业训练、技术知识和智慧。要分析意识形态，只要好好考
虑事实并愿意进行论证就足够了。只有笛卡儿哲学认为，需要'世界上最普通的事
情'…… 这是笛卡儿的科学方法——如果通过这个你的意思是用开放的思想考虑
事实，检验假设并通过论证得到结论。不需要更多的东西，不需要更深奥的知识去

---

① 康德，何谓在思维中确定方向？柏林月刊，8（1786 年 2 月）。

探索根本不存在的'深度'。"①

　　当然，那些用政府权力为私人谋利益的人倾向于通过使公共政策免于详细审查来保护自己。做这种事的传统方式是赋予统治者以超人类的合法性，把他们描绘成上帝在地球上的代理，是道德的保护者或战争时国家的领袖，所以任何对于他们的批判可以代表对他们所代表的更高价值的批判。达到同样目的的一个更巧妙的方法是假装全球问题远远高于一般人的思考范围，或者是因为理解它需要一些深奥的技术知识，这些知识只有专家知道，或者是因为普通人不像政客那样思考得那么清楚，对共同利益没有深层次的承担义务。这些明显是错误的：理解全球变暖问题不复杂，普通公民比政客更加关心它的结果。第三种手段，把个人私利隐藏于高尚的思想下也非常有效。和往常一样，现在出兵侵占土地或从弱者手中夺取资源总是出于宗教或文明的原因，永远不会显得是出于贪婪。初期的时候，动机是我们想拯救异教徒的灵魂；现在我们想给他们带去民主，把他们拯救出压抑的统治——这对人类头脑丰富想象力的赞美，是对把行动的现实隐藏在花言巧语下的无穷能力的赞美。有时候，我觉得像罗伯特·穆西尔（Robert Musil）《没有个性的人》中的男主人公，他视 "大情操、理想、宗教、命运、人性、美德为终极罪恶。他把它们归因于我们的时代如此冷漠，如此物质主义、如此无信仰、如此无人性、如此堕落的事实。"

　　大情操不是道德行为的保障，因为那些为了使异教徒转而信仰我们的宗教和按我们的方式生活而调集的部队充分说明了这一点。在道德法则的王国里，同在自然法则的王国里一样，科学方法是唯一安全的。让我再次成段引用波普尔的话：

　　反之，当我们面对一种更抽象的道德决定时，仔细分析我们所作选择可能带来的后果是很有帮助的。因为只有想象到具体的，实际的结果，我们才能真正了解我们的决定；否则，我们会盲目地做决定。为了说明这一点，我们引用萧伯纳（Shaw）《圣女贞德》中的一段话。说话者是位牧师，他固执地要处死贞德；但当他看到她被捆在柱子上时，他崩溃了。"我并不想伤害她，我不知道是这样的……我不知道自己在做什么…… 如果我已经知道，我会把她从他们手中救出。你不知道。你没见过。当你不知道时，这很容易说。你用语言使自己发狂，但当你必须面对的时候；当你看到自己所作所为时；当它使你眼前发黑时，使你窒息时，撕扯你的心时，然后，然后——哦，上帝，把这一切从我眼前拿开！"当然，在萧伯纳的戏剧中还有一些确切知道自己在做什么却决定去做的人物，他们事后不后悔。一些人不喜欢看到他们的同类被捆在柱子上烧死，但有些人却喜欢。这一点（被许多维多利亚乐观主义者忽视）是重要的，因为它说明了对所做决定结果的理性分析不会使决定理性化；总是我们做决定，但是，对具体结果的分析和它们在我们称之为我们的"想象"里的清楚实现产生了盲目决定和明智选择之间的差别。因为我们很少用我们的想象，我们总是盲目做决定。如果我们陶醉于神谕的哲学，这种情况就尤为正确，用

---

① 《与侯纳的对谈》（Paris: Flammarion，1977）。

萧伯纳的话说，这也是使用语言使我们发狂的有效方法之一。 ①

寻找真理，真理将会解放你。这是一个同哲学本身一样古老的说法，但科学告诉我们真理真正的样子。它不是一个何时何地都成立的真理，不是由某个至高无上的权威或可敬的传统传下来的。它是一个用巨大地努力慢慢地，一部分一部分地获得的真理，因为很难得到，所以每一部分都弥足珍贵。奥图·纽拉特（Otto Neurath）的著名类比是"我们就像在海上必须重建船舶的水手，永远不能从船底开始翻新。一根船梁被取走就必须有另一根补上，为此船的其他部分必须作为支撑。这样，通过使用旧横梁和浮木，通过逐步重建，这艘船可以被彻底翻新。" ② 漂浮在深海的愚人船经常被视为人类的象征。船的现状不是所有横梁都经过测试了，而且远非如此，它的设计也不理想。在我们做决定的智慧构架中，不是所有的都是科学知识，我们还不能够把我们所知道的，所想和所做的汇成一个连贯的整体。我们需要它却并不拥有它。没有理由向真理妥协；正如莫里斯·梅洛–庞蒂（Maurice Merleau-Ponty）所指出的，"不要指望一个哲学家超越他自己所能理解的，也不要指望他会给出一个他自己也不确定的方向。灵魂的渴望不是此处要讨论的；人们不能用半真半假和欺骗来对待灵魂。" ③ 知识分子的首要任务是讲述真理。

这是穆西尔评论乌尔里希（Ulrich）的话，乌尔里希是他伟大小说中的男主人公，他本身是一位数学家，这很好地总结了我试图表达的意思：

他痛恨不能"为了对真理的热爱而忍受心灵饥渴"的人，用尼采的话说，那些退缩的人，那些回避讨论的、寻求安逸的、用童话拥抱心灵并用宗教的、哲学的或想象的情感就像用蘸着热牛奶的面包来抚慰它的人，他声称智慧将会用石头而不是面包喂养它。他的观点是此时我们发现自己已同整个人类开始了一次远征，骄傲命令我们对所有无用的问题回答"还没有"，并且引导人们按短期原则生活，虽然仍然意识到我们的后来者将能达到的目标。真相是科学已经发展出初步的和审慎的智慧力量，这些力量使人类的古老形而上学和道德观念变得完全不可忍受，即使只是个希望：那一天将会到来，很久以后，一队智慧的征服者将在富饶的精神山谷安顿下来。

---

①《开放社会及其敌人》，第 24 章。

②《反思宾格勒》（Munich, G.D.W.Callwey，1921 ）。

③《哲学赞词：法兰西学院演讲稿》（Paris: Gallimard，1953 ）。

附录一　寻找凸桌面的小直径

让我们从桌面的第一条（大）直径开始，称之为 AB，A 和 B 之间的距离是桌面上两点间可能的最大的距离。桌面上半部分（AB 之上）取一点 M_1，在桌面下半部分（AB 之下）取另一点 M_2。记 AM_1 的长度为 x，BM_2 的长度为 y。

当 x 和 y 变化时，直线段 M_1M_2 在桌面上移动。x 的最小可能值是 $x = 0$（则 M_1 位于 A 处），y 的最小可能值是 $y = 0$（则 M_2 位于 B 处）。记 A 和 B 之间的距离为 d。x 的最大可能值是 $x = d$（则 M_1 位于 B 处），y 的最大可能值是 $y = d$（则 M_2 位于 A 处）。数对 (x, y) 的值明确给出了直线段 M_1M_2 的一个位置：

（$x = 0$，$y = 0$）时 M_1M_2 在 AB 上，

（$x = 0$，$y = d$）时 M_1M_2 在 AA 上，

（$x = d$，$y = 0$）时 M_1M_2 在 BB 上，

（$x = d$，$y = d$）时 M_1M_2 在 BA 上。

A 和 B 之间的距离在这四种情形容易计算出。我们发现：

若（$x = 0$，$y = 0$）则 M_1M_2 之间的距离为 d，

若（$x = 0$，$y = d$）则 M_1M_2 之间的距离为 0，

若（$x = d$，$y = 0$）则 M_1M_2 之间的距离为 0，

若（$x = d$，$y = d$）则 M_1M_2 之间的距离为 d。

更一般地，当 x 为 AM_1 的长度，y 为 BM_2 的长度时，我们定义 $f(x, y)$ 为 M_1 和 M_2 之间的距离。根据上面的观察，有

$$f(0, 0) = d$$
$$f(0, d) = 0$$
$$f(d, 0) = 0$$
$$f(d, d) = d$$

如果我们现在在正方形区域 $0 \leqslant x \leqslant d, 0 \leqslant y \leqslant d$ 上画出 $f(x, y)$ 的图像，我们在正方形两个相对的角上得到两个最大值点（$x = 0$，$y = 0$）和（$x = d$，$y = d$），在另外两个角上得到两个最小值点。这意味着图像在前两个角上有尖点，根据我们的一般性定理在此正方形的岛上必有一个山路点；令山路点的位置为（$x = a, y = b$），让 M_1 位于距 A 距离为 a 处并让 M_2 位于距 B 距离为 b 处，我们就得到了要寻找的第二条小直径。

注意这第二条直径既不最大化也不最小化距离。同时请注意可能有几个山路

点，它们对应着几个可能的第二条直径：例如，台球桌的形状为将四个直角变得光
滑的矩形就是这种情形。事实上这时有四条直径：两条大的，对应着函数图像上的
尖点，两条小的，对应着函数图像上的山路点。

附录二　一般系统的稳定作用量原理

经典力学中最简单的系统是一个球的台球问题。球的运动完全由它对桌壁的第一次碰撞决定，即由一组 (x, y) 值决定，x 给出在边缘上碰撞的位置，y 给出入射角。我们将视 (x, y) 为台球的初始状态。

对于一般系统，我们需要更多变量。比如，刚体旋转。要确定它在任一时间的位置，我们需要 10 个变量：其中 3 个给出质心的位置，2 个给出旋转轴的方向，3 个给出质心的速度，2 个给出旋转的速度和轴的移位。经典力学上任一系统的状态可由偶数个变量描述，如 $(x_1, y_1, \cdots, x_N, y_N)$，变量 x_n 确定位置，变量 y_n 确定速度。这可用来描述 $2N$ 维空间中的一点。这个 $2N$ 维空间称为给定系统的相空间。通常称 N 为系统的自由度，它在复杂系统中可以相当大。

要描述一个给定系统的运动，我们需要另一元素，即相空间中函数 H，$H(x_1, y_1, \cdots, x_N, y_N)$ 被称为状态 $(x_1, y_1, \cdots, x_N, y_N)$ 的能量。相空间和能量包含系统的全部信息。如我们能得到这些数值，我们就可以写出运动方程（但我们也许解不出来）。这些是微分方程，所以如果我们已知在 $t = 0$ 时刻的状态，那么任意后来时刻 t 的状态被完全决定。

这些方程的最显著的事实是它们是保守的，即在运动的整个过程中，能量值保持同最初值相同。如果这个初始值是 h；则轨道完全包含在集合 $H(x_1, y_1, \cdots, x_N, y_N) = h$ 中，这是相空间中的超曲面 S。换言之，从一定能量水平开始的轨道将保持在那个能量水平。这些轨道中的一些可能是闭合的；它们将同给定系统的周期运动相一致。

对 S 上的任一闭曲线，我们可以赋予一个数值，它是给定曲线上的作用量。莫培督的原理认为使作用量稳定的闭曲线是系统的轨道；即它们满足运动方程。从那时开始证明这样的稳定曲线实际存在是一个关键步骤。这最终在 1986 年被克劳德·维泰博（Claude Viterbo）获得；根据他的结果，我们现在在知道非常一般情况下的周期解存在。

维泰博的方法在思想上同在凸台球桌上寻找小直径相似（虽然所用的技术非常不一样）。然后我和霍佛（Helmut Hofer）给出了定义一般系统直径的方法。为了达到这一目的，我们想到了由方程 $H(x_1, y_1, \cdots, x_N, y_N) = h$ 定义的超曲面 S。根据维泰博的结果，S 上至少具有一条闭合轨线，实际上通常拥有无数条；我们根据沿线的作用量的值给它们排序。最小值将被称为 S 的"第一条直径"。第二小的被称为"第二条直径"，以此类推。

这些直径具有显著的特点。台球桌上只有两条直径，一条大直径 L，一条小直径 l。想象我们此时有两张桌子，第一张桌子拥有直径，L_1 和 l_1，第二张拥有直径 L_2 和 l_2。如第一张桌子包含于第二张桌子，那么它所有的直径都小一些：$L_1 < L_2$，$l_1 < l_2$。这一特性对于更一般系统的"直径"同样成立。

这是格罗莫夫测不准原理的解决方法。的确，$(x_1, y_1, \cdots, x_N, y_N)$ 周围的不确定区域在数学上同能量面区分不开：这一区域的边界是超曲面 S。我仍没为这种等同找出令人满意的物理解释。但数学上是清晰的。像能量面一样，不确定区域有"直径"，对这些直径的正确应用得出了对第二个测不准原理的证明，这和格罗莫夫最初给出的证明不同，使它与稳定作用量原理联系紧密。

文 献 注 记

　　我已经在正文中仔细地告知了文献来源并核对了所有的引文。但是其中有一些文献比其他文献更能够给我带来灵感。在前两章中我充分利用了亚历山大·柯瓦雷（Alexandre Koyre）的书，特别是《伽利略研究》（Paris: Hermann, 1940），《从封闭世界到无限宇宙》（Paris: Gallimard, 1967），和《思想史研究的科学化》（Paris: Gallimard, 1973）。第二个是保罗·罗西（Paolo Rossi）的书《欧洲近代科学的诞生》（Rome-Bari: Laterza, 1997）也极其有用。当然，我读过莱布尼茨的《单子论》，但是如果我没有偶然碰到克洛蒂尔德·卡拉比的注释版（Milan: Bruno Mondadori, 1995），恐怕这本书对我来说仍然如天书般深奥难懂。

　　从第三章开始，我直接依赖不同作者的作品，比如费马、莫培督、伏尔泰、欧拉、拉格朗日，以及我作为一个职业数学家的专业知识。我也请教了科学史方面的专家，比如马赫（Ernst Mach）和勒内·杜格斯（Rene Dugas），但我允许自己有时不同意他们的观点。在第五章中，我们完全进入了一个新的领域，因为我们正解释数学发现，而这恰好是我一生的职业，其中我也有一些贡献，从而除了学术期刊外我没有列出其他参考文献。第六章包含了我更为熟悉的领域，例如混沌理论，它有很多参考文献，包括我自己早期的书《数学与意外》和《破碎的骰子》，它们均由芝加哥出版社出版（Chicago: 1990 and 1993）。

　　第七章是本书中我唯一不能声称直接专业的章节。尽管我已经查找了一些原著，尤其是达尔文的书，但是我不是生物学家，我不得不依赖其他人的工作。我已经发现的观点与我自己的思想大多一致，比如古尔德的《神奇的生命》（New York: W.W.Norton, 1989）中所表述的。我意识到该书已经出版了几乎 20 年了，相关的科学已经取得了很大的进步，特别是在理解柏基斯页岩方面，但我没有更新我的知识，基于这样一个信念，那就是这些并不影响讨论的核心（进化不能解释为任何有意义的进步）。

　　第八章回到数学（最优化理论），介绍了我已经研究了很长时间的两位作家，希腊历史学家修昔底德和文艺复兴时期历史学家奎齐亚迪尼。关于休昔底德已经有很多的研究，最近的（最有趣的）一个是马歇尔·萨林斯（Marshall Sahlins）的《向休昔底德道歉》（Chicago:University of Chicago Press, 2004），它出版的太晚了以至于我没利用。关于奎齐亚迪尼的研究很少，尽管我认为他不亚于一个历史学家。他对帮助我理解政治权利的用处和局限性的确非常有用。

第九章介绍了一些经济学的基本概念，如效率（帕雷托最优）和如集体选择的困难等问题。

当然，用两百页的书来涵盖题目中所提问题的所有科学与哲学方面是不可能的。我所提及的只是我作为一个数学家和经济学家所受的训练认为是必须的个人选择，但它是经过考虑、仔细作出的选择。不同背景的读者，比如哲学家、人类学家、或生物学家可能发现我的描述不平衡。我希望某一天我们能得到一个关于科学和哲学的一致的观点，它将给出一个可能的全面的描述，也许是沿着维也纳学派给出的路线，但我觉得这同物理学中的大统一一样遥远。 同时，想以一种有趣的（但深刻的）方式研究这些问题的读者可以阅读斯坦尼斯劳·莱姆（Stanislaw Lem）的科幻书籍。关于莱姆的一个很好的介绍和一本给未来创造者的手册已经由贝恩德·格拉夫斯（Bernd Gräfrath）写出：《这不容易，太神奇了》（Munich: Beck, 1998）。想要了解莫培督迷人个性的读者可以阅读玛丽· 特勒尔（Mary Terrell） 的书，《使地球变平的人》 （Chicago: University of Chicago Press, 2002）。

最后，我要深切缅怀苏珊·艾布拉姆斯（Susan Abrams），是她鼓励我开始了这项长达十年的努力，并不断地支持我直到她过早的去世。

索　引